企业应急管理与预案编制系列读本

# 煤矿生产事故
# 应急管理与预案编制

企业应急管理与预案编制系列读本编委会　编
主　编　杨　勇
副主编　李　阳

中国劳动社会保障出版社

**图书在版编目(CIP)数据**

煤矿生产事故应急管理与预案编制/《企业应急管理与预案编制系列读本》编委会编. —北京：中国劳动社会保障出版社，2015
（企业应急管理与预案编制系列读本）
ISBN 978-7-5167-1808-7

Ⅰ.①煤… Ⅱ.①企… Ⅲ.①煤矿-矿山事故-事故处理-应急对策 Ⅳ.①TD77

中国版本图书馆 CIP 数据核字(2015)第 087834 号

**中国劳动社会保障出版社出版发行**
（北京市惠新东街 1 号 邮政编码：100029）

*

北京金明盛印刷有限公司印刷装订 新华书店经销
880 毫米×1230 毫米 32 开本 8.625 印张 211 千字
2015 年 5 月第 1 版 2015 年 5 月第 1 次印刷
**定价：25.00 元**

读者服务部电话：（010） 64929211/64921644/84643933
发行部电话：（010） 64961894
出版社网址：http://www.class.com.cn

# 丛书编委会名单



**本书主编**　杨　勇
**副 主 编**　李　阳

# 内容提要

本书为“企业应急管理与预案编制系列读本”之一，根据新修订的《安全生产法》要求，紧扣煤矿生产安全事故应急预案编制方法这一中心，全面介绍事故应急管理和技术处置知识，旨在提高煤矿的应急能力，规范应急的操作程序和指导应急预案编制。

本书主要内容包括：煤矿生产安全事故概述，煤矿应急救援工作体系，煤矿应急预案编制，煤矿应急预案培训与演练，煤矿事故应急响应，煤矿安全事故典型应急救援案例。

本书可作为安全生产监督管理人员、行业安全生产监督管理人员、企业安全生产管理人员、企业应急管理和工作人员、其他与应急活动有关的专业技术人员读本，还可作为企业从业人员知识普及用书。

# 内容提要

[illegible]

# 前言
Preface

我国最新修订的《安全生产法》与《职业病防治法》均明确规定，各级政府与部门、各类行业与生产经营单位要制定生产安全事故应急救援预案，建立应急救援体系。《安全生产“十二五”规划》（国办发〔2011〕47号）中也再次明确要求：要“推进应急管理体制机制建设，健全省、市、重点县及中央企业安全生产应急管理体系，完善生产安全事故应急救援协调联动工作机制”。建立生产安全事故应急救援体系，提高应对重特大事故的能力，是加强安全生产工作、保障人民群众生命财产安全的现实需要。对提高政府预防和处置突发事件的能力，全面履行政府职能，构建社会主义和谐社会具有十分重要的意义。

随着我国经济飞速发展，能源和其他生产资料需求明显加快，各类生产型企业和一些新兴科技产业规模越来越大，一旦发生事故，很可能造成重大的人员伤亡和财产损失。我国的安全生产方针是“安全第一、预防为主、综合治理”，加强生产安全管理，提高安全生产技术，做好事故的预防工作，可以避免和减少生产安全事故的发生。但同时，应引起企业高度重视的问题是一旦发生事故，企业应如何应对，如何采取迅速、准确、有效的应急救援措施来减少事故发生后造成的人员伤亡和经济损失。目前，我国正处于经济转型期，安全生产形势日益严峻，企业迫切需要加快应急工作进程，加强应急救援体系的建设。该项工作已成为衡量和评价企业安全的重要指标之一。事故应急救援是一项系统性和综合性的工作，既涉及科学、技术、管理，又涉及政策、法规和标准。

为了提高生产经营企业应对突发事故的能力，我们特组织有关行业、企业主管部门及高校与科研院所的专家，编写出版了“企业应急管理与预案编制系列读本”。本系列读本紧扣行业企业生产安全事故应急管理和预案编制工作这一中心，将事故应急工作中的行政管理和技术处置知识有机结合，指导企业提高生产安全事故现场应急能力与技术水平，规范应急操作程序。系列读本突出实用性、可操作性、简明扼要的特点，以期成为一部企业应急管理和工作人员平时学习、战时必备的实用手册。各读本在编写中注重理论联系实际，将国家有关法律法规和政策、相关专业机构和人员的职责、应急工作的程序与各类生产安全事故的处置有机结合，充分体现“预防为主、快速反应、职责明确、程序规范、科学指导、相互协调”的原则。

本套丛书在编写过程中，听取了不少专家的宝贵意见和建议。在此对有关单位专家表示衷心的感谢！本套丛书难免存在疏漏之处，敬请批评指正，以便今后补充完善。

# 目　录

CONTENTS

## 第一章　煤矿生产安全事故概述



## 第二章　煤矿应急救援工作体系



## 第三章　煤矿应急预案编制

## 第四章 煤矿应急预案培训与演练



## 第五章 煤矿事故应急响应



## 第六章 煤矿安全事故典型应急救援案例

# 第一章 煤矿生产安全事故概述

## 第一节　煤矿生产安全事故及其特征

### 一、煤矿生产安全事故

生产安全事故是指生产经营单位在生产经营活动（包括与生产经营有关的活动）中突然发生的，伤害人身安全和健康，或者损坏设备设施，或者造成经济损失的，导致原生产经营活动暂时中止或永远终止的意外事件。

煤矿企业生产安全事故包括井下火灾、瓦斯事故、水灾、粉尘事故、顶板事故五大灾害和地面事故。事故种类较多，发生频繁，特别是煤矿重特大事故的发生，对人们的生命财产造成的影响较大。以下所举矿难事故为我国典型的发生死亡百人以上的煤矿特别重大事故。

**1. 郑州大平矿难**

2004 年 10 月 20 日，河南省郑州煤电（集团）有限责任公司大平煤矿井下 21 岩石掘进工作面突然遭遇构造带，使大量聚积在煤层里的瓦斯瞬间爆发冲出，冲毁通风设施，整个监控系统也因短时超限电力中断，造成风流逆转，致使大量瓦斯冲入主要进风大巷及 11、13、15 采区。突出瓦斯在瓦斯冲击过程中在进风区遇架线电机车火花，引起瓦斯爆炸事故，死亡 148 人，当时在井下作业的 446 名作业人员，仅升井 298 人。

**2. 铜川陈家山矿难**

2004 年 11 月 28 日，陕西省铜川矿务局陈家山煤矿 415 运顺工作面进风巷与高位巷之间的联络巷内出现瓦斯逆流，使得工作面下隅角原低瓦斯采空区处积聚大量爆炸性混合气体，因该处强制放顶，窜火诱发瓦斯爆炸，致使 166 人死亡，有 127 人经过顽强自救、互救和紧急救援得以安全升井。

**3. 阜新孙家湾矿难**

2005 年 2 月 14 日，辽宁省阜新矿业（集团）有限责任公司孙家湾煤矿海州立井发生特别重大瓦斯爆炸事故。原因是冲击地压造成 3316 工作面风道外段大量瓦斯异常涌出，3316 风道里段掘进工作面局部停风造成瓦斯积聚，致使回风流中瓦斯浓度达到爆炸界限；工人违章带电检修照明信号综合保护装置，产生电火花引起瓦斯爆炸，死亡 214 人。

**4. 梅州大兴煤矿水灾**

2005 年 7 月 4 日，广东省梅州市兴宁市大兴煤矿发生一起特大积水淹井事故。该矿在证照不全的情况下，自建矿以来一直违法组织生产，严重超能力、超强度开采，主要管理人员长期不下井，井下安全管理混乱，在防水煤柱托梁和采煤工作面发生大规模抽冒后不及时采取措施处理，仍然违章组织工人冒险作业。该矿由于煤层倾角大（75°左右），厚度大（3～4 m），小断层发育，煤质松散易塌落，－290 m 水平以下在生产过程中煤层均发生过严重抽冒，在此情况下，大量出煤，超强度开采，致使－290 m 水平至－180 m 水平防水安全煤柱抽冒导通了－180 m 水平至＋262 m 水平的水淹区，造成上部水淹区的积水大量溃入大兴煤矿，导致事故的发生。小断层发育，超强度开采，防水煤柱破坏，引起水淹区突水淹井，死亡 123 人，直接经济损失 4 725 万元。

### 5. 黑龙江七台河矿难

2005 年 11 月 27 日，黑龙江省龙煤矿业集团有限责任公司七台河分公司东风煤矿发生一起特别重大煤尘爆炸事故，造成 171 人死亡，48 人受伤，直接经济损失 4 293 万元。事故直接原因是：违规放炮处理主煤仓堵塞，导致煤仓给煤机垮落、煤仓内的煤炭突然倾出，带出大量煤尘并造成巷道内的积尘飞扬达到爆炸界限，放炮火焰引起煤尘爆炸。

### 6. 黑龙江鹤岗矿难

2009 年 11 月 21 日，黑龙江省龙煤控股集团有限责任公司鹤岗分公司新兴煤矿发生爆炸事故，最终确定该事故共造成 108 人死亡。该事故主要是由于 113 队施工作业面距离地面约 500 m 深的探煤道发生煤与瓦斯突出，引起瓦斯爆炸，波及井下作业采掘工作面 28 个，当时井下共有作业人员 528 名。经全力救援，有 420 人安全升井。

从煤矿事故发生的性质上看，特别重大事故主要是瓦斯引起的爆炸和火灾最为严重，而水灾事故也频繁发生。因此，遏制和减少煤矿行业的重、特大伤亡事故，尤其是煤矿瓦斯爆炸、火灾及水灾仍然是当前安全生产工作的重点。

## 二、煤矿生产安全事故分类及其特征

我国煤矿绝大多数是井工矿井，地质条件复杂，灾害类型多，分布面广，在世界各主要产煤国家中开采条件最差、灾害最严重。随着开采深度的增加，由矿井瓦斯、水、火、矿压、地温等造成的灾害日趋严重，其中的瓦斯事故、火灾事故和水灾事故更容易造成煤矿行业的群死群伤事故，为煤矿防治的重中之重。那么，当矿井发生事故后，如何安全、迅速、有效地抢救人员，保护设备，控制和缩小事故影响范围及其危害程度，防止事故扩大，将事故造成的人员伤亡和财产损失降到最低限度，是救灾工作的关键。

### 1. 煤矿火灾事故

煤矿火灾是指发生在煤矿企业生产范围之内，并造成人员伤亡、资源损失、环境破坏、设备或工程设施毁坏及严重威胁正常生产的非控制性燃烧，是煤矿主要灾害之一。煤矿火灾根据火灾发生地点的不同可分为地面火灾和井下火灾两大类；煤矿火灾根据引火热源的不同又可分为外源火灾（外因火灾）和自燃火灾（内因火灾）两大类。地面火灾是指在矿井工业广场内的厂房、仓库、井楼、贮煤场、矸石堆等处发生的火灾。井下火灾是指发生在矿井内或井口附近而且可能威胁到井下安全的火灾，按其发火地点及其所在巷道的风流流动方向的不同又可分为上行风流火灾、下行风流火灾和进风流火灾。外源火灾是由于外部热源如明火、放炮、瓦斯与煤尘爆炸、机械冲击与摩擦、电流短路等引燃可燃物造成的火灾。煤矿中的自燃火灾是指煤矿中的煤炭等可燃物接触空气后，发生物理化学变化产生热量而着火的火灾，又称自然发火。自燃火灾只发生在开采有自燃倾向煤层的矿井，多发生在风流不畅的地方（如采空区、煤柱内）。煤层自燃火灾为井下火灾，由于井下空间小，自燃火灾大多在空气有限的条件下进行，即使发生在风流较顺畅的地点，其供风量也是有限的。因此，它的燃烧发展过程较为缓慢。通常在开始阶段无明显火焰，但能产生大量的有害气体。特别是发生在采空区或煤柱内的自燃火灾，很难早期发现，也不容易找到火源的准确位置。

煤矿火灾的发生具有严重的危害性，主要表现在以下几个方面：

（1）引发瓦斯爆炸等二次灾害

在矿井条件下，根据燃烧和爆炸三要素，火灾转变为爆炸的条件为：存在较大体积的可燃性混合气体，可燃气体浓度达到爆炸界限，可燃性混合气体中氧浓度超过 14%，可燃性混合气体流动过程中遇到火源或本身温度高于燃点。煤矿火灾的发生为瓦斯爆炸提供了高温热源条件，火灾产生的高温烟气在传播的过程中遇到前方积聚的爆炸性混合气体，就会发生瓦斯爆炸等二次灾害，扩大事故影响范围，造成更大的人员伤亡和经济损失。

(2) 人员伤亡

当煤矿井下发生火灾以后，煤、坑木等可燃物质燃烧，释放出有害气体，此外，火灾诱发的爆炸事故还会对人员造成机械性伤害(冲击、碰撞、爆炸飞岩砸伤等)。

(3) 矿井生产接续紧张

井下火灾，尤其是发生在采空区或煤柱里的内因火灾，往往在短期内难以消灭。在这种情况下，一般都要采取封闭火区的处理方法，从而造成大量煤炭冻结，矿井生产接续紧张。对于一矿一井一面的集约化生产矿井，这种封闭会造成全矿停产。

(4) 巨大的经济损失

有些矿井火灾火势发展很迅猛，往往会烧毁大量的采掘运输设备和器材，暂时没被烧毁的设备和器材，由于火区长时间封闭和灭火材料的腐蚀，也都可能部分或全部报废，造成巨大的经济损失。另外，白白烧掉的煤炭资源、矿井的停产都是巨大的经济损失。

(5) 严重的环境污染

矿井火灾产生的大量有毒、有害气体，如 $CO$、$CO_2$、$SO_2$、烟尘等，会造成环境污染。特别是像新疆等地的煤层露头火灾，由于火源面积大、燃烧深度深、火区温度高，以及缺乏足够资金和先进的灭火技术，使得火灾长时间不能熄灭，不但烧毁了大量的煤炭资源，还造成大气中有害气体严重超标，形成大范围的酸雨和温室效应。

**2. 瓦斯事故**

由于我国煤炭赋存于地下，煤层赋存瓦斯含量较高，且瓦斯具有燃烧、爆炸等特性，煤炭开采中又存在煤自然发火、外因火灾及地质动力现象等不利因素，以及生产中人员的误操作、管理上的松懈、火灾事故处理不力等人为因素，瓦斯事故，特别是瓦斯爆炸事故，成为煤矿生产中最具破坏能力的多发性灾害。

近几年来，频频发生重特大瓦斯爆炸事故，给我国生产发展和人们的生活造成的灾难和损失都是巨大的，不仅我国如此，在其他采煤国家，煤矿井下瓦斯爆炸事故也比较严重。俄罗斯 1985—1994 年间共发生瓦斯爆炸或爆燃事故 121 起，伤亡人数 424 人。美国 1981—1994 年间发生重大煤矿井下瓦斯爆炸事故 7 次，死亡人数超过 50 人。乌克兰 1978—1998 年间共发生煤矿瓦斯爆炸 37 起。英国自 1850 年以来，煤矿井下瓦斯爆炸事故夺走了近 15 000 名矿工的生命。1994 年 8 月 7 日，澳大利亚 Moura No. 2 煤矿发生的一场由自燃火灾引发的瓦斯爆炸事故造成 11 人丧生，矿井被迫关闭。1997 年 12 月 2 日，俄罗斯兹良诺夫斯克煤矿的瓦斯爆炸使 67 名矿工遇难。

瓦斯爆炸事故造成大量人员伤亡、设备损坏，并严重影响生产，因此，预防瓦斯爆炸事故是煤矿安全工作的重点。实际上，瓦斯爆炸是一种化学爆炸，是爆炸性气体混合物——瓦斯在一定浓度范围内受激发而发生的剧烈化学反应，反应时产生大量的热和气体。一般说来，引起瓦斯爆炸的原因和条件有：

（1）存在 $CH_4$ 与氧浓度在爆炸浓度范围内的爆炸危险区。

（2）在爆炸危险区内存在火源点。火区封闭后，封闭区氧浓度和温度有降低趋势，瓦斯浓度则逐渐上升。如果瓦斯浓度升至爆炸范围时，发火区温度仍很高（存在高温性火源），且氧浓度尚未降到支持瓦斯爆炸的极限浓度以下，就可能发生瓦斯爆炸。

瓦斯爆炸是自由基链反应过程。它包括链引发、链传递、链分支和链终止等过程。如果混合气体各成分达到爆炸浓度范围，并且存在火源点，链反应过程就会被引发，链传递和链分支反应随之很快发生，反应速度急剧增加，反应放出的热量使气体温度迅速升高，体积剧烈膨胀，从而引起爆炸。

瓦斯爆炸产生的高温高压，促使爆源附近的气体以极大的速度向外冲击，造成人员伤亡，破坏巷道和器材设施，扬起大量煤尘并使之参与爆炸，产生更大的破坏力。另外，爆炸后生成大量的有害气体，也会造成人员中毒死亡。

**3. 矿井水灾**

矿井在建设和生产过程中，地面水和地下水通过各种通道涌入矿井，当矿井涌水超过正常排水能力时，就造成矿井水灾。一旦发生透水，不但影响矿井正常生产，而且有时还会造成人员伤亡，淹没矿井和采区，造成巨大的经济损失，危害十分严重。我国煤矿床水文地质条件复杂，主要煤产地的华北石炭二叠纪煤田和南方晚二叠世煤田，属于喀斯特水文地质类型煤田，黄淮平原的煤田则受到第四系冲洪积层水的危害。目前，在原国有煤矿中，约有 18%待开采的煤炭储量受到较为严重的水害威胁。1950 年以后，我国煤矿曾发生过数百次突水事故，其中开滦范各庄矿于 1984 年 6 月 2 日发生突水量为 2 053 $m^3$/min 的特大突水事故，造成经济损失 5 亿元以上。由此可见，矿井水灾（通常称为透水），已成为与瓦斯事故、火灾等并列的影响煤矿建设与生产过程中的主要灾害之一。

长期以来，因为煤矿水害而给国家和人民带来的人身伤亡和经济损失极为惨重。据不完全统计，在过去的 20 多年里，有 250 多个矿井被水淹没，死亡 1 700 多人，经济损失高达 350 多亿元人民币。其中底板高压水通过隐伏导水构造突入矿井和废弃矿井积水因防水煤柱被破坏而突入矿井的水害事故造成的损失尤为突出。底板高压水通过煤层底板突出是一种受多因素控制的灾害性动力现象，华北地区受底板承压水威胁的煤炭储量约为 15 Gt。由于该区奥陶纪灰岩富水性强、水压高、隔水层薄，而区内张裂性、张剪性断裂及陷落柱较发育，致使华北地区煤矿重特大突水事故多与奥灰水有着密切的关系。其中，太行山东麓的煤矿区在开采石炭二叠纪煤层时，频繁发生突水事故。特别是当煤层底板隔水层太薄或断层破碎带削弱了底板隔水层强度，而无法承受底板水头压力及煤矿压力时，导致矿区突水次数和强度增大。此外，许多矿区中奥陶统碳酸盐岩的喀斯特陷落柱发育，使上覆岩层陷落或裂隙化，塌陷裂隙把喀斯特水突然导入矿井引发突水事故，其后果往往是灾难性的。同时，由于大量已经废弃或正在生产的小煤窑的无序开采，导致矿井之间的隔水煤柱被破坏，使得废弃矿井中积水瞬间溃入矿井造成严重灾害的现象近年来迅速增加。随着科学技术的进步，煤矿生产与建设过程中的装备、工艺、技术都有了极大的提高，矿井建设和矿井生产的速度与规模迅速扩张，而矿井水害安全预警技术与防治技术的发展远不能适应矿井生产与防治水工作的需求，从而形成了煤矿突水事故、死亡人数及经济损失的反弹和上升，特别是特大型矿井突水事故频繁发生。

近年来，我国煤矿水害事故发生的频率、人员伤亡、经济损失都呈现出明显的上升趋势。总结新时期我国煤矿水害事故具有如下特点。

（1）突水发生的频率呈现上升的趋势，突水灾害的突发性强，人身伤亡较大。

（2）灾难性突水主要来源于两个途径，即隐伏导水陷落柱造成的底板高压水突入和废弃关闭的小煤矿导通老空水或地表水溃入。

（3）灾难性突水主要源自华北型煤田底板高压水和小煤窑积水。

（4）矿井发生突水与矿井的防治水措施及管理水平有着密切的关系。据初步分析，在矿井突水事故中，有70%～80%的矿井防治水措施落实不到位。矿井水害防治技术人员缺乏，水害安全管理水平低下。

（5）突水事故的高发期往往出现在煤炭工业的快速发展期，矿井超设计能力生产往往是水害事故孕育和发生的前兆。这也提醒我们，在高产高效的同时确保高安全是我们值得重视的问题。

**4. 顶板事故**

顶板事故的特征是事故发生的总量大，仅次于瓦斯灾害，居第二位。可见，煤矿顶板事故对煤矿安全生产的影响非常之大，加强顶板管理、减少或杜绝顶板事故的发生仍然是降低百万吨死亡率、扭转煤矿安全生产形势的重点工作之一。

矿井在开拓、掘井或生产期间，为了把资源开采出来，就要在地下挖掘许多空洞，如果不及时支护或处理，空洞周围的煤岩直接受到的上覆岩层压力会直接破坏原有地层的平衡状态，造成煤矿压力分布不均匀。这种分布不均匀的压力作用在巷道或回采工作面及四周的煤、岩体上，一旦超过巷道或顶板的支撑力，轻则会出现顶板沉降、片帮、支架回缩，重则就会发生底鼓、冒顶、断梁折柱、巷道压垮等现象，严重威胁着矿工生命的安全和企业的安全生产。因此，应采取各种措施防止顶板事故的发生。

地质构造复杂、松软破碎的顶板常有小的局部冒顶，坚硬难冒的顶板会发生大冒顶，少数矿井还有冲击地压。如果采掘过程中遇到了断层、褶曲等地质构造，更容易发生冒顶。在初次来压和周期来压时，顶板下沉量和下沉速度都急剧增加，支架受力猛增，顶板破碎，还会出现平行煤壁的裂缝，甚至顶板出现台阶状下沉，这时冒顶的可能性最大。

## 三、煤矿企业生产安全事故分级

生产安全事故按事故发生的原因可分为责任事故和非责任事故；按事故造成的后果可分为人身伤亡事故和非人身伤亡事故。非人身伤亡事故是指未造成人身伤亡的设备事故和其他事故。人身伤亡事故又称因工伤亡事故或工伤事故，是指生产经营单位的从业人员在生产经营活动中或在与生产经营相关的活动中，突然发生的、造成人体组织受到损伤或人体的某些器官失去正常机能，导致负伤肌体暂时地或长期地丧失劳动能力，甚至终止生命的事故。

工伤事故按伤害的严重程度可分为轻伤事故、重伤事故、死亡事故、重大伤亡事故、特大伤亡事故。

（1）轻伤事故，指只有轻伤的事故。

（2）重伤事故，指有重伤没有死亡的事故。

(3) 死亡事故，指一次死亡 1～2 人的事故。

(4) 重大伤亡事故，指一次死亡 3～9 人的事故。

(5) 特大伤亡事故，指一次死亡 10 人以上（含 10 人）的事故。

根据《生产安全事故报告和调查处理条例》，生产安全事故按造成的人员伤亡或者直接经济损失，一般分为以下等级：

(1) 特别重大事故，是指造成 30 人以上死亡，或者 100 人以上重伤（包括急性工业中毒，下同），或者 1 亿元以上直接经济损失的事故。

(2) 重大事故，是指造成 10 人以上 30 人以下死亡，或者 50 人以上 100 人以下重伤，或者 5 000 万元以上 1 亿元以下直接经济损失的事故。

(3) 较大事故，是指造成 3 人以上 10 人以下死亡，或者 10 人以上 50 人以下重伤，或者 1 000 万元以上 5 000 万元以下直接经济损失的事故。

(4) 一般事故，是指造成 3 人以下死亡，或者 10 人以下重伤，或者 1 000 万元以下直接经济损失的事故。

## 第二节　煤矿生产安全事故预防

### 一、矿井火灾的预防

处理矿井火灾的基本原则是：以预防为主，防灭并重。根据矿井火灾发生的三要素可知，因井下生产条件离不开氧气的存在，所以治理矿井火灾只能从减少可燃物和杜绝明火或高温火源着手。外因火灾和内因火灾的各自特点决定了防治外因火灾和内因火灾要使用不同的特殊措施，因此，矿井火灾的预防包括一般措施和特定措施两类。

**1. 矿井防火的一般措施**

（1）采用不燃性材料支护

井筒、井底车场、主要巷道及硐室，一旦发生火灾，对整个矿井威胁很大。因此，井筒、平硐及井底车场沿煤层开凿时，必须砌碹；在岩层内开凿时，应用不燃性材料支护。井筒与车场或大巷相连的地点都要砌碹或用不燃性材料支护。井下永久性中央变电所和井底车场内的其他机电硐室必须砌碹，采区变电所用不燃性材料支护，从硐室、井下火药库及其两旁的巷道（需小于 5 m）必须砌碹或用不燃性材料支护。

（2）配备灭火器材和工具

每个矿井必须储存灭火材料和工具，并建立一批消防仓库，同时要满足下列要求：

1）地面消防材料库要设置在井口房附近（但不得设在井口房内），并有铁路直达井口。

2）井下消防材料库要设在每一个生产水平的运输大巷中。

3）消防材料库贮存的材料及工具的品种和数量由矿长决定，并定期检查和更换。这些材料只能用于处理事故，不得他用，因处理事故所消耗的材料，要及时补充。

（3）设防火门

为了避免地面火灾传入井下，进风井口和进风平硐都要装有防火铁门，铁门要能严密地遮盖井口，并易于关闭。进风井筒和各个水平的井底车场的连接处都要装两道容易关闭的铁门或木板上包有铁皮的防火门。

开采有自然发火的煤层，在采区进、回风巷道内，必须先砌好留有门硐的防火墙，门硐附近要放置门扇，储备足够封堵防火墙门硐的材料，以便随时封闭。

（4）设置消防水池和井下消防管路系统

每一个矿井必须在地面设置消防水池和井下消防管路系统。消防水池附近要装设水泵，其扬程和排水量在设计矿井消防设备时规定。开采深部水平的矿井，除有地面消防水池外，还可利用上部水平或生产水平的水仓作为消防水池。

**2. 外因火灾的预防**

外因火灾的发生和发展都比较突然和迅猛，并伴有大量烟雾和有害气体，如处理不当或不得其法，贻误战机，还可能引爆瓦斯、煤尘，造成人员伤亡和财产损失。目前，我国煤矿中的外因火灾所占矿内火灾总数的比重虽然很小（4%～10%），但近几年随着机械化程度的提高，所占比重有上升趋势。

预防外因火灾发生的技术途径有两个方面：一是防止火灾发生；二是防止已发生的火灾事故扩大，以尽量减少火灾损失。

（1）杜绝引火源

预防外因火灾的发生，应从杜绝明火与电火花着手，其主要措施有：

1）预防明火。井口房和通风机房附近 20 m 内禁止烟火，也不准用火炉取暖。严禁携带烟草、引火物下井，井下严禁吸烟。井口房和井下不准电焊、气焊或用喷灯焊接，如必须进行上述工作时，必须制定专门安全措施，报矿长批准。并由矿长指定专人在场检查和监督，而且要求事先清除附近的易燃物品，备足消防用水、沙子、灭火器等，并随时检查瓦斯和煤尘浓度。

2）井下硐室内不准存放汽油、煤油或变压器油。井下使用的润滑油、棉纱和布头等必须集中存放，定期送到地面处理。

3）预防放炮引火。井下不准使用黑色火药，因为黑色火药爆炸后火焰存在时间长，有使瓦斯引燃或引爆的危险。井下只准使用矿用安全炸药。严格执行《煤矿安全规程》中的放炮规定，煤矿井下不准放糊炮，严禁用煤块、煤粉、炮药纸等易燃物代替炮泥，同时要严格执行“一炮三检查”和“三人连锁放炮”制度。

4）预防电气引火。要正确选用易熔断丝（片）和漏电继电器，以便电流短路、过负荷或接地时能及时切断电流。不准带电检修、搬迁电气设备。

5）预防摩擦生火。应做好井下机械运转部分的保养维护工作，及时加注润滑油，保持其良好的工作状态，防止因摩擦生热而引起火灾。

6）预防火焰蔓延。井下应使用绝缘电缆或不延燃橡套电缆、阻燃输送带等。

（2）预防外因火灾蔓延的措施

限制已发生火灾的扩大和蔓延，是整个防火措施的重要组成部分。火灾发生后利用已有的防火安全设施，把火灾局限在最小的范围内，然后采取灭火措施将其熄灭，对于减少火灾的危害和损失是极为重要的。其措施有：①在适当的位置建造防火门，防止火灾事故扩大。②每个矿井地面和井下都必须设立消防材料库。③每一矿井必须在地面设置消防水池，在井下设置消防管路系统。④主要通风机必须具有反风系统或设备，并保持其状态良好。

**3. 内因火灾的预防**

煤炭自然发火的防治较为复杂，根据煤炭自然发火的机理和条件，通常从开拓和开采方法、通风措施、介质法防灭火三个方面采取措施进行预防。

（1）开拓、开采方法

防止自燃火灾对于开拓、开采的要求是：最小的煤层暴露面、最大的采煤量、最快的回采速度和采区的容易隔绝。

1）采用集中岩巷或减少采区的切割量。要采用石门、岩石大巷或集中平巷（上山、下山）；采区内尽量少开辅助性巷道，尽可能增加巷道间距，把主要巷道布置在较硬的岩石中，在煤层中开凿主要巷道时，必须选择不自燃或自燃危险性较小的煤层，采区内煤巷间的相对位置应避免支撑压力的影响，煤柱的尺寸和巷道支护要合理等。

2）选择合理的采煤方法。高落式、房柱式等老的采煤方法回采率很低，采空区遗留大量而又集中的碎煤，掘进巷道多，漏风量大，难以隔绝。开采易于自燃的煤层，选用这些方法是十分危险的。

壁式采煤法回采率高，巷道布置比较简单，便于使用机械化装备，从而加快回采速度。此方法有较好的防火安全性。经验证明，薄煤层采用这种采煤方法，很少自然发火。

回采厚煤层和中厚煤层采用倾斜分层和水平分层人工假顶法，辅以预防性灌浆，只要保证灌浆质量，能够做到既安全可靠又经济合理地开采厚煤层和中厚煤层。

顶板管理方法能影响煤炭回收率，以及煤柱、煤体的完整性和漏风量的大小。开采有自燃危险的煤层选择顶板管理方法要慎重。全部陷落法管理顶板，一般易发生采空区的自燃，用惰性材料及时而致密地填充全部采空区，可以大大减少自燃火灾的发生。

3）提高回采率，加快回采速度。采用先进的劳动组织，尽可能使用高效率的采煤设备和综合机械化设备，以加快回采速度。此外，必须根据煤层的自燃倾向和采矿、地质因素确定自然发火期，结合回采速度合理地划分采区面积，在自然发火以前就将一个采区采完封闭。

（2）通风措施

通风措施防止自然发火的原理就是通过选择合理的通风系统和采取控制风流的技术手段，以减少漏风量，消除自然发火的供氧条件，从而达到预防和消灭自然发火的目的。

1）选择合理的通风系统。通风不良、通风系统混乱、漏风严重的地点往往容易发生自燃火灾。因此，正确选择通风系统，减少漏风量，对防止自然发火有重要作用。结合既定的开拓方案和开采顺序，选择合适的通风方式。如前进式回采，则选用对角式通风（图 1—1a）；后退式回采，则选用中央式通风（图 1—1b），可以减少采空区漏风量，从而减少自然发火的可能性。

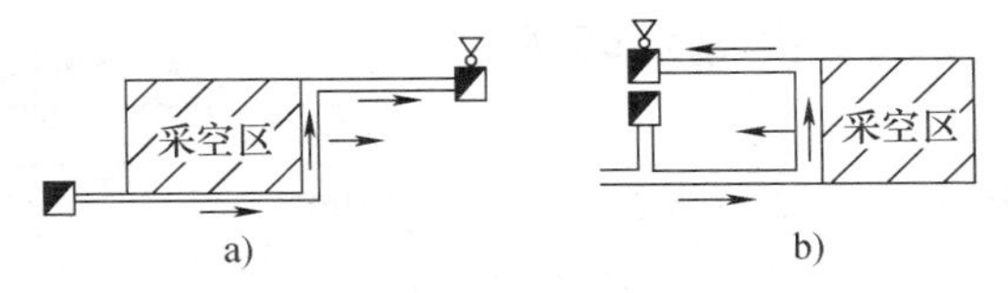


图 1—1　通风系统的选择
a）前进式回采　b）后退式回采

2）实行分区通风。每一生产水平，每一采区都布置单独回风巷道，实行分区通风。这样既可以降低矿井通风阻力、增大矿井通风能力、减少漏风量，也便于调节风量和发生火灾时控制风流、隔绝火区。当一个采区发生火灾时，能够根据救灾的需要，做到随时停风、减风或反风。这样，一旦一个采区发生火灾，就有条件防止火灾气体侵入其他采区，避免事故范围扩大。在巷道布置上，要为分区通风和局部反风创造条件。

3）选择合理的采区和工作面通风系统。选择采区和工作面通风系统的原则也是尽量减少采空区的漏风压差，不要让新、乏风从采空区边缘流过。如采空区漏风较为严重工作面，工作面较短时可采用后退式 U 形通风系统（图 1—2），工作面较长时可采用后退式 W 形通风系统（图 1—3）。

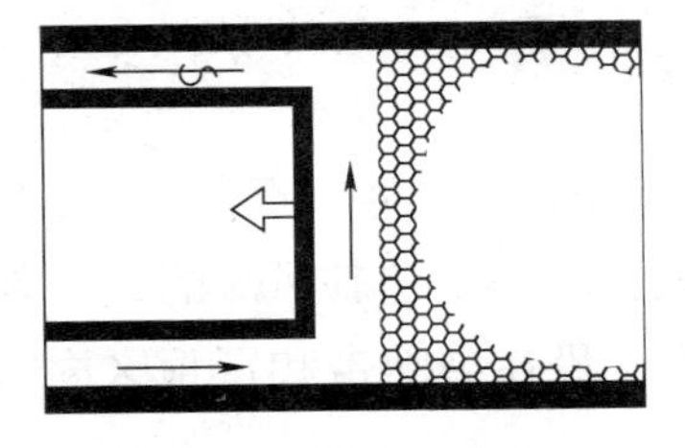

图 1—2　U 形通风系统

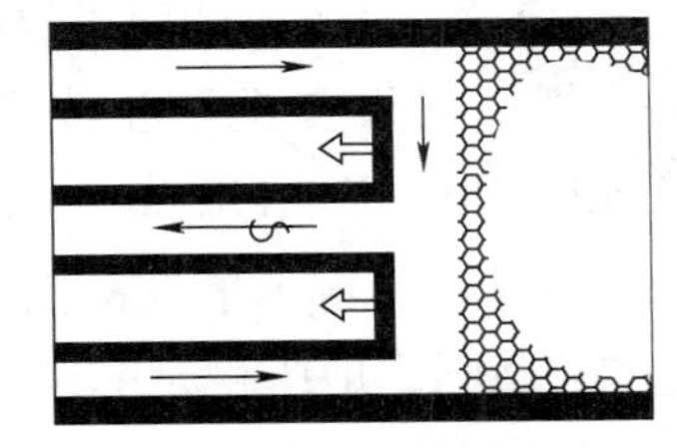

图 1—3　W 形通风系统

4）根据通风阻力定律，漏风区域的漏风量随漏风风阻的增大而减少。因此，通过合理确定通风构筑物的位置，增加漏风阻力减少漏风量，从而起到防灭火作用也是常用的措施之一。

在井下安设通风构筑物（风窗、风门、密闭墙）和辅扇时，应注意其位置的选择。如果位置选择不当，则会增大煤柱裂隙或采空区的漏风量，促进煤柱自燃。例如，图 1—4 的巷道 $AB$ 间煤柱内有裂隙 $ced$，构成漏风通路。正常情况下因 $c$、$d$ 两点间的压差（$\Delta H$）很小，漏风量（$Q_L$）不大，没有促进煤柱的自燃。如因生产需要，须设置调节风门减少 $AB$ 风量，那么调节风门安设在何处合适呢？从调节风量的角度考虑，安设在 $AB$ 中的任何位置都可以。但从减少漏风量、防止煤柱自燃角度考虑，却不能任意安设。因为，如果在 $CD$ 间Ⅰ的位置安设调节风门时裂隙间压差将增大为 $\Delta H$，漏风量也相应地增为 $Q_{\mathrm{I}L}$（$Q_{\mathrm{I}L}>Q_L$），就有可能促进煤柱的氧化自燃。如果安设在Ⅱ或Ⅲ处，裂隙 $ced$ 间的压差 $\Delta H_{\mathrm{II}}$ 或 $\Delta H_{\mathrm{III}}$ 将随巷道风量的减少而减少（$\Delta H>\Delta H_{\mathrm{II}}=\Delta H_{\mathrm{III}}$），漏风量也将相应地减少。一切控制风流的装置都应设在围岩坚固、地压稳定的地点，不得设在裂隙带和冒顶区内，以免增大漏风量引起自燃。

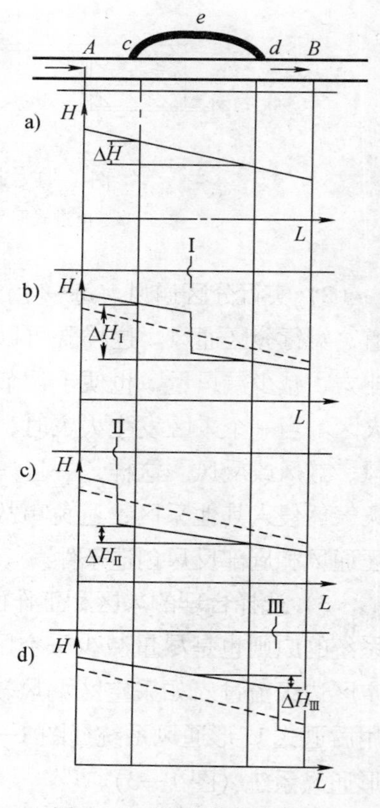

图 1—4　通风构筑物位置

5）堵漏措施

①沿空巷道挂帘布。在沿空巷道中挂帘布是一种简单易行的防止漏风技术。国外的一些煤矿中已得到应用，我国在井下进行的试验也取得了良好效果。

帘布采用耐热、抗静电和不透气的废胶质（塑料）风筒布。其铺设方法有两种。其一是在使用木垛维护巷道时，在木垛壁面与巷道支架的背面之间铺设风筒布。其二是在使用密集支柱维护巷道时，将风筒布铺设在密集支柱上。

②利用飞灰充填带隔绝采空区。飞灰是火力发电厂在烟道中排出的尘埃。在日本、波兰、美国除将飞灰广泛用作防止密闭墙漏风的充填材料外，还将它作为防治采空区周壁漏风的充填隔离带材料。波兰把飞灰填入木垛内形成隔墙；或者先在沿空巷道的支架表面喷涂一层水泥白灰浆，待其固化后，打眼插上注灰管压注飞灰，最后在巷道表面喷涂含灰砂浆。

③利用水砂充填带隔绝采空区。在采煤过程中，随采随将开切眼附近、采面后部的上下顺槽等处依次利用水砂浆进行充填。待工作面推进到停采线后，在停采线处也予以充填，利用水砂充填带将整个采空区隔绝。

④喷涂空气泡沫防止漏风。泡沫堵漏的材料很多，有二相泡沫，也有三相泡沫。二相泡沫如惰气泡沫、聚氨酯泡沫、脲醛泡沫、水泥泡沫等。近年来研制的无机固体三相泡沫对煤、岩石、木材、金属和其他材料都能很好地胶结，在地压发生变动时仍能保持隔绝性能。

⑤凝胶堵塞漏风。凝胶是通过压注系统将基料和促凝剂两种材料按一定比例与水混合后，注入煤体中凝结固化，起到堵漏和防火的目的。胶体具有固水性、吸热降温性、密封堵漏性、阻化性及成胶时间可调等主要特性。

6）均压减少漏风防灭火。均压减少漏风防灭火常简称为均压防灭火，又称为调压防灭火。其实质是利用风窗、风机、调压气室和连通管等调压设施，改变漏风区域的压力分布，降低漏风压差，减少漏风量，从而达到抑制遗煤自燃、惰化火区，或熄灭火源的目的。常见均压防灭火的方法有开区均压法和闭区均压法。

①开区均压法。生产工作面采空区煤炭自燃高温点产生的位置取决于采空区内堆积的遗煤和漏风分布。因此，采用调压法处理采空区的自燃高温点之前，必须首先了解可能产生自燃高温点的空间位置及其相关的漏风分布，以便进行有针对性的调节。常见的开区均压方法有并联漏风的开区均压、角联漏风的开区均压和复杂漏风的开区均压。

a. 并联漏风的开区均压。并联漏风是后退式回采U形通风系统工作面采空区扩散漏风的简化等效风路，如图 1—5 所示。

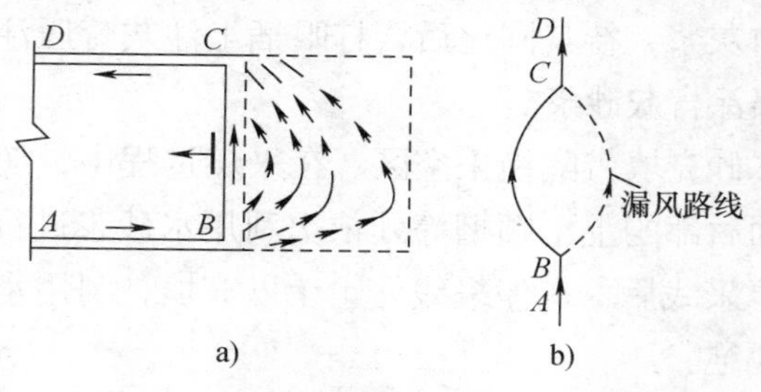


图 1—5 采空区并联漏风

在采取调压处理之前，首先应判断自燃高温火点在漏风带中的大致位置。

——当自燃高温火点处于如图 1—6 所示的自燃带Ⅱ中后部（靠近窒息带）时，则可用降低漏风压差（工作面通风阻力）的方法，减小漏风带宽度，使窒息带覆盖高温点。其措施有：在工作面进风或回风中安设调节风窗，或稍稍启开与工作面并联风路中的风门 d；在工作面下端设风障或挂风帘。这种方法对于减少采空区的瓦斯涌出也是有利的。

——当自燃高温火点位于自燃带的前部（靠近散热带附近）时，采用减小风量的方法不能使其被窒息带覆盖时，一般也可采用在工作面下端挂风帘的方法来减小火源所在区域内的漏风量，同时加快工作面的推进速度，使窒息带快速覆盖自燃高温火点。

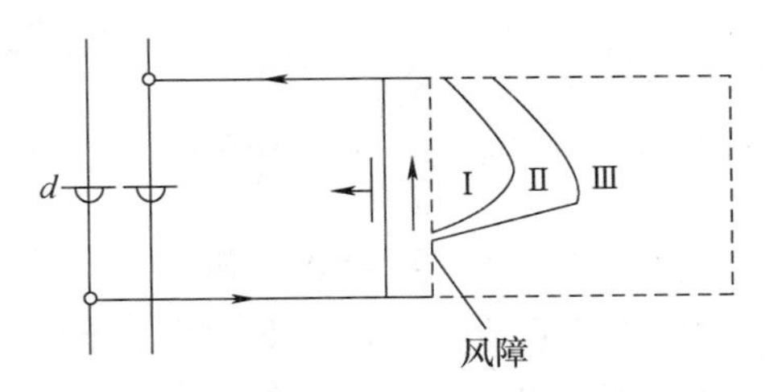

图 1—6 工作面下端挂设风帘后三带分布

——如果自燃高温火点位置不好判断时，可以在工作面进风或回风中安设调节风窗，或稍稍开启与工作面并联风路中的风门。

b. 角联漏风的开区均压。采空区内除存在并联漏风外，还有部分漏风与其他风巷或工作面发生联系，这种漏风称为角联漏风。如图 1—7a 所示，当同时开采层间距较近的两层煤时，因两工作面间的错距较小，造成上下工作面采空区相互连通，而产生对角漏风。实际上，对角漏风可能发生在采空区的一个条带上，在研究问题时为方便起见，漏风路线简化为对角支路，如图 1—7b 中 2—5 虚线所示。

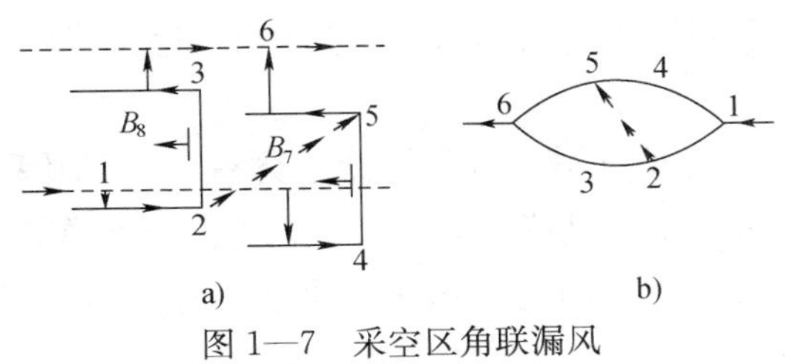

图 1—7 采空区角联漏风

调节角联漏风要在风路中适当位置安装风门和风机等调压装置，降低漏风源的压能，提高漏风汇的压能。如图 1—8 所示，3—6 和 4—5 为工作面，采空区内漏风通道即为角联分支，漏风方向 3→5。为了消除对角漏风，可改变相邻支路的风阻比，使之保持：

$$\frac{R_{23}}{R_{35}}=\frac{R_{24}}{R_{45}} \tag{1—1}$$

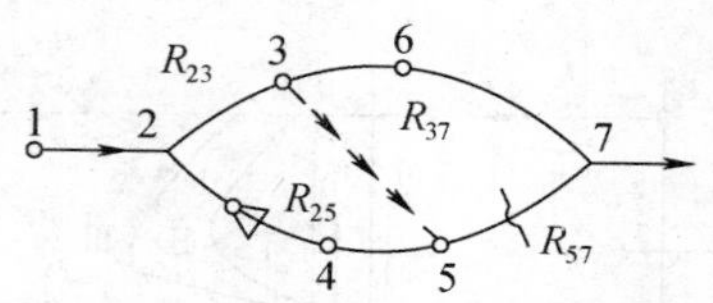


图 1—8　角联漏风的调压

据此可实施下列方案：在 5—7 分支中安设调节风窗，以增大 $R_{57}$，提高 5 点压能；如果要求工作面的风量不变，可在 5—7 分支安设风窗的同时，在 2—4 分支（工作面进风巷）安设调压风机，采用联合调压；在条件允许时，还可在进风巷 2—3 安风窗，在回风巷 5—7 安风机进行降压调节。应该强调指出的是，调压所采用的各种措施应以保证安全生产和现场条件允许为前提。角联漏风的调节要注意调节幅度，防止因漏风汇的压能增加过高或漏风源的压能降得过低，导致漏风反向。为了防止盲目调节，可在进行阻力测定的基础上，根据调节压力，预先对调节风窗的面积进行估算，并在调压过程中注意火区动态监测，掌握调压幅度。

c. 复杂漏风的开区均压。采空区内除存在并联漏风外，还有部分漏风与其他不明区域发生联系，但难以判断其等效风路形式，这种漏风均属复杂漏风。复杂漏风可分为从不明区域漏入和漏出两种形式。

图 1—9 为从不明区域漏入。消除这类漏风，抑制采空区遗煤自燃，通常的做法是在回风巷安设调节风门，提高工作面空气的绝对压力，为了不减少工作面的供风量，可在工作面进风巷安设风机。需要指出的是，工作面空气压力的提高应与不明区域漏风源的绝对压力平衡，以避免工作面向采空区后部漏风。

对于从工作面向不明区域漏出的情况，通常消除漏风的做法是在进风巷安设调节风门，降低工作面空气的绝对压力，为了不减少工作面的供风量，可在工作面回风巷安设风机。

②闭区均压法。在已封闭的区域采取均压措施，可以防止自然发火。在已封闭的火区采取均压措施可以加速火源的熄灭。

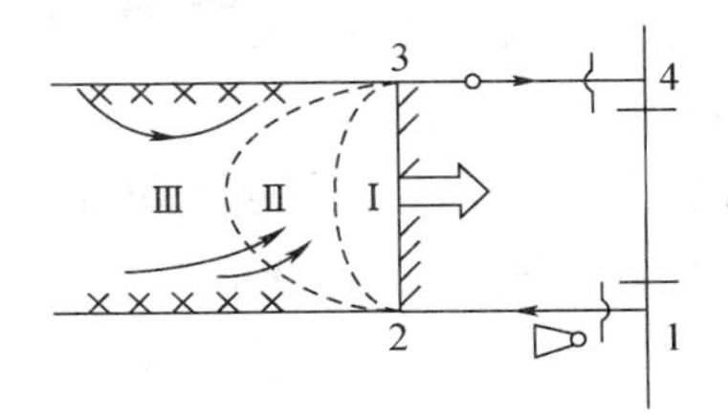


图 1—9 采空区复杂漏风（不明区域漏风）

实现闭区均压的方法很多，主要有风门、风窗调节法，风筒、风机调节法，调压气室法。

a. 风门、风窗调节法。如图 1—10 所示，在并联网络中一个分支有火区存在，可以在 1—2 分支上或 3—4 分支上安设调压风窗来减少火区两侧的压差。实际上是减少并联网络的总风量，从而降低火区两端的风压差。当然，这也会减少与火区并联网络上的分支风量。

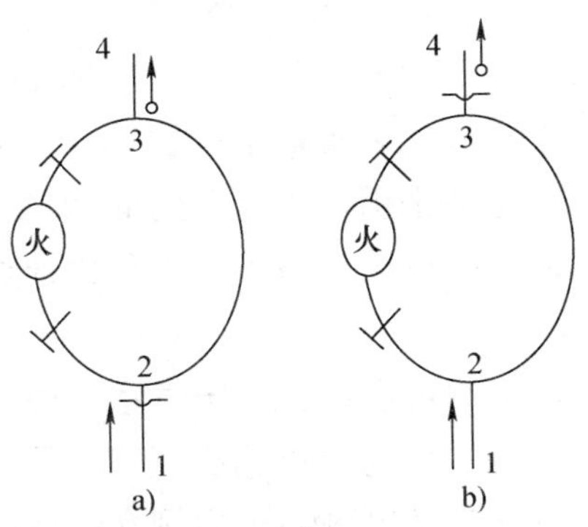


图 1—10 调压风窗对火区影响示意图

b. 风筒、风机调节法。在某些情况下，防火墙 $T_1$ 和 $T_2$ 相距较近，如要调节封闭区域 $T_1$ 或者 $T_2$ 中的风压，可以使用风筒风机调节。如图 1—11 所示，如果只需要调节密闭墙 $T_1$（进风侧密闭墙）的风压，可以把风机设在防火墙 $T_1$ 外部，并在风机前接上风筒，同时使风筒的出口超越密闭墙 $T_2$ 所在分支一段距离（设在分支 2—3 中），这样不会影响防火墙 $T_2$ 处的风压状态。如果只需调节防火墙 $T_2$ 处的压力状态，可以在风机的后方连上风筒，而将风机设于防火墙 $T_2$ 外部分支中，风筒的吸风口则设于分支 1—2 中不影响防火墙 $T_1$ 的风压状态的地方。

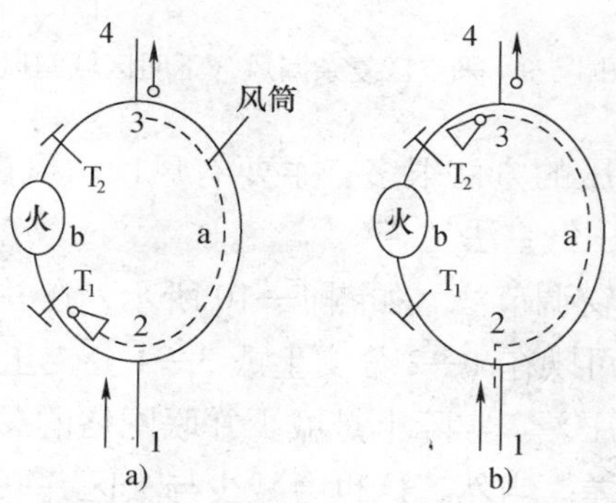


图 1—11　风筒风机调节法示意图

c. 调压气室法。在封闭火区的密闭墙外侧建立一道辅助密闭墙，并在辅助密闭墙上设置调压装置调节两密闭墙之间的气体压力，使之与火区内空气压力趋于平衡，为此目的而构筑的气室称为调压气室。调压气室根据使用的调压设备不同，分为连通管调压气室和风机调压气室两种。

为了保证调压气室的可靠性，调压气室一般采用砖石砌筑。调压气室建立在火区一侧的称为单侧调压气室，建立在火区两侧的称为双侧调压气室。下面，以单侧调压为例介绍调压气室的原理和方法。

——连通管调压气室。连通管调压气室（图 1—12）是在气室的外侧密闭墙上设立一条管路，管路的一端送入气室内，另一端则送入正压风流，或者是负压风流之中（相对于气室内的气体压力而言）。

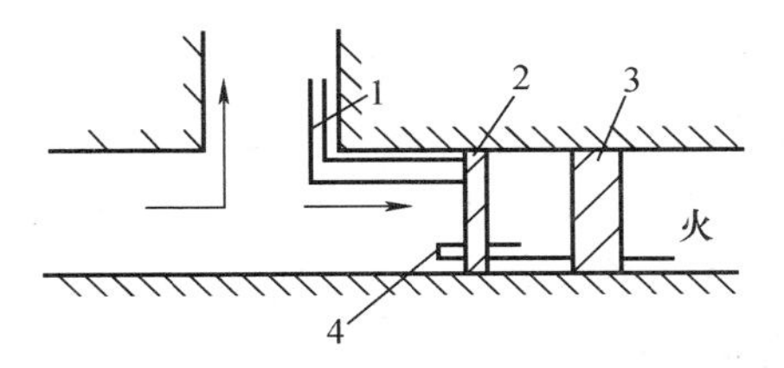


图 1—12　连通管调压气室示意图

1—调压管　2—辅助密闭　3—密闭　4—压差计

——风机调压气室。风机调压气室（图 1—13）是在气室的外密闭墙上设立一台局部通风机作为调压手段的气室。风机可根据调压的幅度选择。气室内的气体压力由风机运转时抽出或压入气体调节。

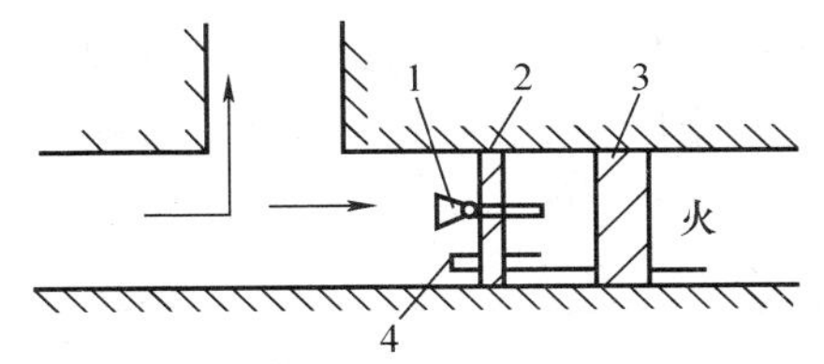


图 1—13　风机调压气室示意图

1—风机　2—气室密闭　3—永久密闭　4—压差计

两种调压气室中，连通管调压气室简便、经济。调压气室在实际应用中，其长度大多数情况下都不超过 10 m，一般为 5～6 m。

调压气室的作用是使火区密闭墙里两端的压差接近于零，减少或杜绝向火区的漏风。实质上也是一个密闭墙的作用（可以把它看作是一个气体密闭墙），它对火区附近巷道内的压力状态没有什么影响。因此，调压气室大多使用在要消除矿井主要通风机对火区的直接影响，而又不对火区附近巷道内的风压、风量有所改变的情况下。

调压气室均压时可通过安设在密闭墙上的水柱计测定气室和火区间的压差。当水柱计的示值为零时表示火区漏风消失，否则应根据水柱计两侧液面高低和变化，采取相应的措施进行调整，达到调压的目的。

为了避免调压盲目进行，必须对全矿井与采区的通风系统及漏风风路有清楚的了解，并且经常进行必要的空气成分和通风阻力的测定。否则调压不当时能造成假象，使火灾气体向其他不易发现的地点流动，甚至促进氧化过程的发展，加速火灾的形成。

(3) 介质法防灭火

我国矿井火灾的防灭火方法手段很多，常用的有灌浆防灭火法、阻化剂防灭火法、凝胶防灭火法、惰气防灭火法等。

1) 灌浆防灭火技术。灌浆防灭火技术至今已发展成几种工艺，有黄泥注浆、水砂注浆、页岩浆注浆和粉煤灰注浆等。黄泥注浆自20世纪50年代成为我国煤矿防灭火首要的技术手段，一直沿用至今。黄泥灌浆是用黄土与水按一定比例混合成黄土泥浆，借助输浆管路注入或喷洒在采空区里，或通过火区上方的钻孔将泥浆灌入井下，从而达到防火和灭火的目的。这种方法虽然能够熄灭封闭区的火灾，但是缺点较多，工程大、费用高、工期长；对于大面积的自燃火灾，需要大量的黄土泥浆才能将火区覆盖，在受季节性制约的灌浆地区自燃火灾多出现反复；灌浆期间和灌浆后泥浆中水分没有疏干之前，灌浆区附近下部煤层不能开采，形成大量呆滞煤量。按与回采的关系，预防性灌浆分为采前预灌、随采随灌、采后封闭灌浆三种。

2) 凝胶防灭火技术。凝胶防灭火技术是20世纪90年代在我国广泛应用的新型防灭火技术。多用于井下局部煤体高温或发火的防灭火处理，由于其工艺简单，操作方便，防灭火效果较好，在有自燃危险煤层的矿区得到了广泛的应用。凝胶防灭火技术是通过压注系统将基料（$xNa_2O \cdot ySiO_2$）和促凝剂（铵盐）两种材料按一定比例与水混合后，注入渗透到煤和岩石的裂隙中，成胶后则固结在煤体中，起到堵漏和防火的目的。凝胶防灭火具有如下特点：吸热降温作用；堵漏风作用；保水作用，凝胶的含水量大于90%，硅酸所形成的立体网状结构能有效地阻止水的流失；阻化作用，凝胶无论其原料还是最终产物都对煤体具有阻化作用，尤其是成胶后能覆盖于煤体表面，阻止其氧化；成胶材料来源广泛，成本低廉；压注工艺简单，操作方便。凝胶防灭火技术已在我国煤矿中得到广泛应用，但在实践中也暴露出诸多问题，如凝胶形成过程中释放出氨气，污染井下空气，危害工人健康；胶的强度较低，而且呈刚性，一旦被破坏就不能恢复，因此在压注完成后，遇矿压会压裂，影响堵漏风效果；凝胶成本高于黄泥灌浆、水砂充填等的成本，不适合大面积充填防灭火使用。

3）阻化剂防灭火技术。在化学上，凡是能减小化学反应速度的物质皆称为阻化剂，亦称阻氧剂，是具有阻止氧化和防止煤炭自燃作用的一些盐类物质。它采用一种或几种物质的溶液或乳浊液灌注到采空区、煤柱缝隙等易于自燃的地点，充填煤柱内部裂隙，增加煤在低温时的化学惰性，使煤炭和氧的亲和力降低，形成液膜包围煤块和煤的表面裂隙面，增加煤体的蓄水能力，水分蒸发吸热降温，即降低煤在低温时的氧化速度，延长煤的自然发火期，阻止煤的氧化过程。阻化剂防灭火简便易行，经济可靠。这种方法对缺土、缺水矿区的防灭火有重要的现实意义。但应注意的是，当煤体上阻化剂水溶液膜一旦失去水分而破灭，则阻止氧化的作用将停止。由此看出，阻化剂防灭火实际上是利用和扩大了以水防火的作用。如果离开了水，阻化剂的阻化作用也就没有了。

4）泡沫防灭火技术。应用泡沫充填剂是矿井充填堵漏风防灭火的主要技术手段之一。泡沫是不溶性气体分散在液体或熔融固体中所形成的分散物系。泡沫可以由溶体膜与气体构成，也可以由液体膜、固体粉末和气体构成，前者称为二相泡沫，后者称为三相泡沫或多相泡沫。二相空气泡沫、二相惰气泡沫、聚氨酯泡沫、脲醛泡沫、水泥泡沫等在煤矿防灭火中虽已得到应用，但由于二相泡沫稳定性差，聚氨酯泡沫、脲醛泡沫、水泥泡沫成本高，对人体健康有害，应用受到限制。

5）惰气防灭火技术。惰气是指不可燃气体或窒息性气体，主要包括氮气、二氧化碳及燃料燃烧生成的烟气（简称燃气）等。惰气防灭火法，就是向井下已封闭的或有自燃危险的区域注入惰性气体，降低其氧的浓度，从而使火区因氧含量不足使火区周围的空间惰化，或者使采空区中因氧含量不足而使遗煤不能氧化自燃，这样就能将火灾控制在尽可能小的范围内，这是一种省时、省费用、安全有效的治理方法，尤其是在火区周围充满爆炸限内气体时更为适用，在这一过程中，惰气起到了置换和稀释爆炸性气体，阻止发生爆炸事故，并在井下形成一定的正压环境，减少漏风补氧从而阻止火区进一步蔓延的作用。该法尤其适用于与封闭火区等方法的联合使用，扑救井下大型火灾，防止事故救灾措施实施过程中发生瓦斯爆炸等二次灾害的发生。

6）注氮防灭火技术。根据 $N_2$ 的状态，注氮防灭火可分为气氮防灭火和液氮防灭火。液氮防灭火一是直接向采空区或火区中注入液氮防灭火；二是先将液氮汽化后，再利用气氮防灭火。由于液氮输送不如气氮方便，目前，现场多用气氮防灭火。

①注氮防灭火机理

a. 采空区内注入大量高浓度的氮气后，氧气浓度相对减小，氮气部分地替代氧气而进入到煤体裂隙表面，这样煤表面对氧气的吸附量便降低，在很大程度上抑制或减缓了遗煤的氧化放热速度。

b. 采空区注入氮气后，提高了气体静压，降低了漏入采空区的风量，减少了空气与煤炭直接接触的机会。

c. 氮气在流经煤体时，吸收了煤氧化产生的热量，可以减缓煤升温的速度和降低周围介质的温度，使煤的氧化因聚热条件的破坏而延缓或终止。

d. 采空区内的可燃、可爆性气体与氮气混合后，随着惰性气体浓度的增加，爆炸范围逐渐缩小（即下限升高、上限下降）。当惰性气体与可燃性气体的混合物比例达到一定值时，混合物的爆炸上限与下限重合，此时混合物失去爆炸能力。这是注氮防止可燃、可爆性气体燃烧与爆炸作用的另一个方面。

②注氮防灭火惰化指标

a. 采空区惰化氧浓度指标不大于煤自燃临界氧浓度，一般氧含量应小于7%～10%。

b. 惰化灭火氧浓度指标不大于3%。

c. 惰化抑制瓦斯爆炸氧浓度指标小于12%。

③制氮方法。用于煤矿氮气的制备方法有深冷空分、变压吸附和膜分离三种。这三种方法的原理都是将大气中的氧和氮进行分离以提取氮气。

a. 深冷空分制取的氮气纯度最高，通常可达到99.95%以上，但制氮效率较低，能耗大，设备投资大，需要庞大的厂房，且运行成本较高。

b. 变压吸附的主要缺点是碳分子筛在气流的冲击下，极易粉化和饱和，同时分离系数低，能耗大，使用周期短，运转及维护费用高。

c. 膜分离制氮的主要特点是整机防爆，体积小，可制成井下移动式，相对所需的管路较少，维护方便，运转费用较低，但氮气纯度仅能达97%左右，且产氮量有限。

④制氮设备。制氮设备有两种形式，一是地面固定或移动设备，借助于灌浆管路或专用胶管送往井下火区。另一种是井下移动设备。

⑤注氮防灭火工艺。注氮方式从空间上分为开放式注氮和封闭式注氮；从时间上分为连续性注氮和间断性注氮。工作面开采初期和停采撤架期间，或因遇地质破碎带、机电设备等原因造成工作面推进缓慢，宜采用连续性注氮；工作面正常回采期间，可采用间断性注氮。

a. 开放式注氮。当自然发火危险主要来自回采工作面的后部采空区时，应该采取向本工作面后部采空区注入氮气的防火方法。具体方式有两种：

——埋管注氮。在工作面的进风侧采空区埋设一条注氮管路。当埋入一定长度后开始注氮，同时再埋入第二条注氮管路（注氮管口的移动步距通过考察确定）。当第二条注氮管口埋入采空区氧化带与冷却带的交界部位时向采空区注氮，同时停止第一条管路的注氮，并又重新埋设注氮管路。如此循环，直至工作面采完为止。

——拖管注氮。在工作面的进风侧采空区埋设一定长度（其值由考察确定）的注氮管，它的移动主要利用工作面的液压支架，或工作面运输机头、机尾，或工作面进风巷的回柱绞车做牵引。注氮管路随着工作面的推进而移动，使其始终埋入采空区氧化带内。

无论是埋管注氮还是拖管注氮，注氮管的埋设及氮气释放口的设置都应符合如下要求：

对采用U形通风方式的采煤工作面，应将注氮管铺设在进风顺槽中，注氮释放口设在采空区中，如图1—14所示。

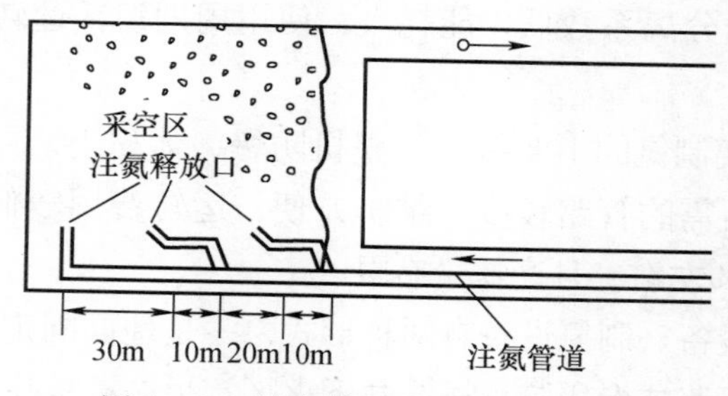


图1—14　注氮管埋设及释放口位置

氮气释放口应高于底板，以90°弯拐向采空区，与工作面保持平行，并用石块或木垛等加以保护。

氮气释放口之间的距离，应根据采空区“三带”宽度、注氮方式和注氮强度、氮气有效扩散半径、工作面通风量、氮气泄漏量、自然发火期、工作面推进度及采空区冒落情况等因素综合确定。第一个释放口设在起采线位置，其他释放口间距以30 m为宜。当工作面长度为 120～150 m 时，法国采用注氮口间距为 50 m。

注氮管一般采用单管，管道中设置三通。从三通上接出短管进行注氮。

b. 封闭式注氮

——旁路注氮。旁路式注氮就是在工作面与已封闭采空区相邻的顺槽中打钻孔，然后向已封闭的采空区插管注氮，使之在靠近回采工作面的采空区侧形成一条与工作面推进方向平行的惰化带，以保证本工作面安全回采的注氮方式。

——钻孔注氮。在地面或施注地点附近巷道向井下火区或火灾隐患区域打钻孔，通过钻孔将氮气注入火区。

——插管注氮。工作面起采线、停采线或巷道高冒顶火灾，可采用向火源点直接插管进行注氮。

——墙内注氮。利用防火墙上预留的注氮管向火区或火灾隐患的区域实施注氮。

⑥防止采空区氮气泄漏的措施。采空区漏风状态决定了氮气在采空区内的滞留时间，同时也决定着间歇式注氮时的注氮周期。采空区的漏风强度越小，两次注氮的间歇时间就越长，此时的注氮效果好且比较经济。因此，采取措施减少采空区氮气泄漏也是提高采空区注氮效果的有效途径。

a. 直接堵漏措施。常见的采空区直接堵漏措施是每隔一定距离在采空区上隅角垒沙袋、注河沙或喷涂聚氨酯等。

b. 均压措施。均压措施则是利用开区均压的原理，降低工作面两端（即进、回风侧）压差，从而减少漏风量，起到防止或减少采空区氮气泄漏的作用。

⑦日常管理应注意的事项

a. 注氮量的多少，应根据采空区中的气体成分来确定，以距工作面 20 m 处采空区中的氧浓度不大于 10%作为确定的标准。如果采空区中 CO 浓度较高（>50 ppm），或者工作面 CO 浓度超限，或出现高温、异味等自燃征兆，都应加大注氮强度。

b. 合理设置监测传感器，加强对采空区、工作面和回风槽中$O_2$、$N_2$和CO的监测；同时，由瓦斯检查员随时对工作面及其回风顺槽的$O_2$、CO和$CH_4$浓度进行检查，要保证工作面风流中的氧气浓度。发现工作面氧气浓度降低，应暂停注氮或减少注氮强度。

c. 注入氮气的纯度不得低于97%。

d. 注意检查工作面及回风顺槽风流中的瓦斯涌出情况，若发现采空区大量涌出瓦斯，风流瓦斯超限时，可适当降低注氮强度或采用采空区抽放瓦斯的方法进行处理。

e. 第一次向采空区注氮，或停止注氮后再次注氮时，应先排出注氮管内的空气，避免将空气注入采空区中。

f. 在注氮过程中，工作场所的氧浓度不得低于18.5%，否则停止作业并撤出人员，同时降低注氮流量或停止注氮，或增大工作场所的通风量。

⑧处理好抽放瓦斯与注氮的关系。对于开采高瓦斯、易自然发火煤层的矿井，当采空区同时要采取这两种措施时，它们之间存在着矛盾，需要处理好两者之间的关系。

采空区瓦斯抽放破坏了瓦斯的游离状态与吸附状态的动态平衡，使一部分吸附状态的瓦斯按一定的衰减速度不断地被解吸，当抽放到一定程度后，将有部分气体进入采空区，来补充采空区被抽走的那部分瓦斯。因此，瓦斯抽放将造成采空区漏风量增加，其值等于抽放量减去解吸量。如果需要补充的这部分气体用注入的氮气来代替，那么，将能阻止新鲜风流向采空区的漏入，保持采空区内的惰化浓度，起到有效的防灭火作用。要使这两种相互矛盾的技术措施达到和谐统一，必须有合理的注氮强度和瓦斯抽放强度相匹配，同时注氮位置和抽放位置也要相对合理。一般注氮口位置设置在进风侧氧化带，而瓦斯抽放口则应布置在采空区窒息带中。

7）湿式惰气防灭火技术。湿式惰气是燃料油与一定比例的空气混合在惰气发生装置（机）内经充分燃烧后产生的烟气，主要成分为$N_2$、$CO_2$、CO、水蒸气、$O_2$，其中$O_2$含量一般不超过2%。由于烟气中基本上是惰性气体或不可燃气体，因此，将其压入火区后，可起到惰化火区、窒息火源的作用；压入正在密闭的火区可起到阻爆作用。目前，我国煤矿救护队装备有用燃油燃烧的惰气发生装置，是灭火的主要装备之一。

## 二、煤矿瓦斯事故的预防

众所周知，瓦斯爆炸需要三个条件，而在井下生产过程中，氧气浓度大于12%这个基本条件是时刻存在的。因此，杜绝瓦斯事故，关键是防止瓦斯积聚及瓦斯积聚后采取正确的措施处理和杜绝高温热源的存在。

### 1. 防止瓦斯积聚的措施

矿井在生产过程中，健全、合理、稳定、可靠的通风系统，可保证工作面有充足的供风量，是防止瓦斯积聚的前提条件。

（1）健全、合理、稳定、可靠的通风系统

健全、合理、稳定、可靠的通风系统要求通风系统匹配合理，高效稳定，主通风机在合理区域内运行。一是制定通风系统管理标准，根据各项指标对通风系统的可靠性进行评价；二是从源头上把住设计关，杜绝通风系统中平面交叉、采区内部上下两头进风、不合理串联通风、扩散通风、老塘通风；三是对现有的通风系统进行优化改造，更换低效高耗主通风机，对总回风巷进行扩修降阻，根据管理标准调整优化采区系统，减少通风设施；四是巷道贯通后及时调整通风系统，防止风流紊乱。

（2）保证工作面有充足的供风量

保证工作面充足的供风量是有效冲淡瓦斯、防止瓦斯积聚的重要手段。一是矿井坚决执行以风定产，严禁超通风能力开采；二是明确工作面配风标准，对确定为瓦斯异常区的采、掘工作面在正常配风量标准的基础上再增加 10%；三是严格掘进供风管理，保证风筒出口到迎头距离不超过 5 m，杜绝风筒出现破口、积压、接头漏风现象，对瓦斯异常区及长距离、大断面的掘进工作面配备使用高效低耗对旋式通风机和大直径风筒。

（3）杜绝掘进工作面无计划停风

据有关资料统计，掘进巷道的瓦斯积聚有 80%是由于通风不好引起的，且有 70%的瓦斯事故发生在掘进工作面，事故原因大都是局扇无计划停风、工作面风量小引起。加强掘进工作面供风管理，杜绝无计划停风的主要措施有：一是实行采掘供电分开，掘进工作面供风实行双风机双电源，如果主风机停止运转，则备用风机自动进行切换运转，杜绝工作面停风现象。目前矿区内各掘进工作面装备基本实现了双风机双电源，并设专职局扇司机，每班交接班前对风机自动切换情况进行试验；二是执行有计划停风制度，对需要检修停风的工作面提前编制有计划停风通知书，撤出全部人员、设备停电后，方可停风，恢复通风前，按规定排放瓦斯。

（4）积极开展瓦斯地质研究，确定瓦斯异常区装备管理标准

预防瓦斯事故要积极进行瓦斯地质研究。选取有代表性的煤层和地点进行采样，对数据进行分析处理，研究得出瓦斯地质数学模型，预测未采区域瓦斯含量情况。另外，对各煤层内炮眼瓦斯进行定期监测，并记录建档，得出实际的瓦斯含量曲线。根据瓦斯涌出情况和瓦斯地质研究数学模型，划分确定瓦斯异常区，制定瓦斯异常区装备管理标准，在开采异常区域时，按照标准进行装备管理，提高工作面供风量，安设瓦斯监测探头，配备专职瓦斯检查员，对掘进工作面安装使用双风机双电源等。

**2. 瓦斯积聚的处理**

在矿井生产过程中，因地质条件、开采技术和通风管理等因素的影响，不可避免地会出现瓦斯积聚现象。瓦斯积聚一般发生在采煤面上隅角、停风的巷道、巷道高冒区等地点。出现瓦斯积聚现象

并不可怕，关键是采取正确的措施进行处理。

（1）采煤面上隅角瓦斯积聚的处理

由于风流在采煤面上隅角形成涡流，同时该处风速较低，而瓦斯比重比空气小，浮在空气上部，生产过程中涌出的瓦斯易积聚在上隅角，不易被风流带走，因此上隅角最易发生瓦斯积聚。常采用的措施有：一是在回风巷安设抽出式风机和负压风筒，强制将上隅角高浓度瓦斯排到回风巷风流中进行稀释；二是加强安全监测管理，在采面上出口 5 m 处和抽出式风机出风口 20 m 处各安设一台瓦斯监测探头，随时监测瓦斯情况，超限时及时切断工作面电源；三是加强瓦斯检查，配备业务水平高、责任心强的专职瓦斯检查员，每班检查次数由两次增加为三次，并在抽出式风机出风口 20 m 处增设瓦斯检查点；四是加大采煤面倾斜方向与回风巷的角度，使风流流经上隅角的面积尽可能地大一些；五是对上隅角切顶排支柱提前回掉一排，并及时放顶；六是加强超前支护，保证回风巷通风断面不低于原设计断面的 80%；七是在上隅角安设喷雾设施，及时消灭产生的摩擦火花。

（2）掘进工作面瓦斯积聚的处理

掘进工作面只要供风充足，涌出的瓦斯会随风流及时排出，一般不会发生瓦斯积聚，但对个别涌出量较大的煤层，采取正常的通风方式不会解决瓦斯积聚问题。除采用瓦斯抽放方法外，还可以采取如下综合治理措施，保证安全生产：一是对掘进工作面配备使用两套双风机双电源，及时稀释涌出的高浓度瓦斯；二是在离迎头 5 m 处回风侧和距全风压 5 m 的回风流中各安设一台瓦斯监测探头，将监测数据及时传送到地面中心站，监测探头增设断电功能，保证瓦斯超限时立即切断巷道内所有电气设备的电源；三是为防止静电火花的出现，风筒吊挂全部改用布条；四是放炮使用二级乳化炸药，提高爆破安全性；五是因电煤钻防爆性差，因此取消电煤钻打眼，改用风钻打眼。

（3）启封盲巷瓦斯积聚的处理

有些盲巷瓦斯浓度接近、达到甚至超过瓦斯爆炸下限，对这些巷道排放瓦斯恢复通风时，如果处理不当，后果将不堪设想。因此在启封盲巷恢复通风时，执行严格的瓦斯排放制度，保证瓦斯安全排放。一是搞清所排放的巷道封闭时间、地质情况、巷道长度及断面等基本情况，估算巷道内的瓦斯浓度及数量；二是编制周密严格的瓦斯排放安全措施，报各级领导和有关部门审批；三是排放时要坚持断电、撤人、限量的原则，总工程师现场指挥、救护队协助参加，要注意控制风流并由外至里逐段排放，严格控制排出的瓦斯量，使混合风流中的瓦斯浓度控制在规定浓度以内。

（4）临时停风巷道的处理

临时停工的工作面要保持正常通风，对因故临时停风的掘进工作面，应立即撤出人员，停风时间不超过 8 h 的要打栅栏，停风 1 个月内的要设置板闭，长期停工和停风时间超过 1 个月的，必须进行砖闭。严格执行瓦斯检查制度，临时停风的掘进工作面在恢复通风前，必须按规定检查瓦斯。对瓦斯异常区掘进工作面停风时间不超过 2 h，其他区域掘进工作面停风时间不超过 8 h，可由专职瓦斯检查员检查瓦斯，停风时间超过规定的，必须由救护队进行探查瓦斯。

**3. 控制和消除引爆火源**

据有关资料统计，引起瓦斯爆炸事故的火源主要有电火花和放炮，其中，电火花占 50%，放炮占 31.8%，其他占 18.2%。

（1）杜绝井下电气失爆

电气失爆最容易产生电火花，现在井下使用大量的机电设备，使瓦斯爆炸潜在危险性增加，因此应加强电气设备管理，防止电气设备失爆。一是防爆电气设备必须取得合格证，入井前需由专门的防爆检查员进行安全检查，合格后方可入井；二是防止电缆碰撞、急弯、划伤、刺伤等机械损伤；三是电缆导线连接要牢固，无“鸡爪子”、“羊尾巴”和明接头，有过电流和漏电保护；四是设置保护接地和漏电保护装置，定期进行预防性试验，发现漏电要及时处理；五是按程序操作电气设备，严禁带电维修电源开关闭锁和搬迁电气设备、电缆电线，做到日常维护检修和巡回检查相结合。

（2）防止放炮引燃瓦斯

放炮工作涉及炸药领退、编号、导通、脚线扭结到炸药运送、预制炮头、打眼定炮、联炮、一炮三检、连线放炮等十几道工序，每天都要反复操作，如果某一环节出现问题，尤其是现场放炮环节出现问题，在瓦斯异常区就可能发生瓦斯事故。因此，要加强放炮管理，抓好放炮的每一道工序、每一个环节。一是严格执行一炮三检制度，认真检查放炮前后的瓦斯情况；二是放炮前后冲刷煤尘；三是坚持使用水炮泥、黄泥封孔；四是采用正规放炮操作程序，严格执行放炮管理规定；五是加强雷管导通工作，杜绝不合格的雷管出库。

## 三、矿井水灾的预防

矿井在建设或生产过程中由于预测预报、设计、施工、管理等方面的工作不细致或失误，均可能造成水灾事故的发生。

### 1. 矿井水灾事故原因分类

在实际工作中，大多按以下几种分类。

（1）地面防洪

防洪措施不当，或对防治水工程设施管理不善，雨季山洪由井巷或塌陷裂隙灌入井下，造成水灾。如井口标高低于最高洪水位、地面塌陷裂隙直接与冒落裂隙带沟通而未采取措施等。

（2）水文地质条件不清

因地质、水文地质资料不清导致采掘施工揭露老窑积水区、充水导水断层、陷落柱、富含水层等造成水灾事故。

（3）设计不合理

如将井巷置于不良地质条件中或富含水层附近，导致顶底板透水事故，防隔水煤柱较小导致透水事故。

(4) 施工质量低劣

由于井巷施工质量低劣导致严重塌落冒顶、跑沙、透水，或者钻孔误穿老空区、巷道，造成透水事故。

(5) 乱采乱掘

破坏防隔水煤柱，造成透水事故。

(6) 测量粗差

由于测量粗差导致采掘施工揭露老窑积水区、充水导水断层、陷落柱、富含水层等造成水灾事故。

在接近老窑积水区、充水导水断层、陷落柱、富含水层及打开隔水煤柱时，未执行探放水措施盲目施工，或者虽然进行了探放水，但由于制定的措施不严密、执行不严格而造成的水灾事故。

(7) 防排水设施故障

防水闸门失修或未及时关闭，供电、水泵、电机、水管发生故障不能及时排水造成水灾事故。

**2. 矿井涌水特征**

(1) 大气降水为主要充水水源的涌水特征

这里主要指直接受大气降水渗入补给的矿床，多属于包气带中埋藏较浅、充水层裸露、位于分水岭地段的矿床或露天矿区。其充(涌)水特征与降水、地形、岩性和构造等条件有关。

1) 矿井涌水动态与当地降水动态相一致，具明显的季节性和多年周期性的变化规律。

2) 多数矿床随采深增加矿井涌水量逐渐减少，其涌水高峰值出现滞后的时间加长。

3) 矿井涌水量的大小还与降水性质、强度、连续时间及入渗条件有密切关系。

(2) 以地表水为主要充水水源的涌水特征

地表水充水矿床的涌水规律有：

1）矿井涌水动态随地表水的丰枯呈季节性变化，且其涌水强度与地表水的类型、性质和规模有关。受季节流量变化大的河流补给的矿床，其涌水强度亦呈季节性周期变化。有常年性大水体补给时，可造成定水头补给稳定的大量涌水，并难于疏干。有汇水面积大的地表水补给时，涌水量大且衰减过程长。

2）矿井涌水强度还与井巷到地表水体间的距离、岩性与构造条件有关。一般情况下，其间距越小，则涌水强度越大；其间岩层的渗透性越强，涌水强度越大；当其间分布有厚度大而完整的隔水层时，则涌水甚微，或无影响；其间地层受构造破坏越严重，井巷涌水强度也越大。

3）采矿方法的影响。依据矿床水文地质条件选用正确的采矿方法，开采近地表水体的矿床，其涌水强度虽会增加，但不会过于影响生产。如选用的方法不当，可造成崩落裂隙与地表水体相通或形成塌陷，发生突水和泥沙冲溃。

（3）以地下水为主要充水水源的矿床

能造成井巷涌水的含水层称矿床充水层。当地下水成为主要涌水水源时，有如下规律：

1）矿井涌水强度与充水层的空隙性及其富水程度有关。

2）矿井涌水强度与充水层厚度和分布面积有关。

3）矿井涌水强度及其变化，还与充水层水量组成有关。

（4）以老采空区水为主要充水水源的矿床

在我国许多老矿区的浅部，老采空区（包括被淹没井巷）星罗棋布，且其中充满大量积水。它们大多积水范围不明，连通复杂，水量大，酸性强，水压高。若出现生产井巷接近或崩落带达到老采空区，便会造成突水。

**3. 矿井涌水通道**

矿体及其周围虽有水存在，但只有通过某种通道，它们才能进入井巷形成涌水或突水，这是普遍规律。涌水通道可分为两类：

（1）地层的裂隙、断裂带等属于自然形成的通道

1）地层的裂隙与断裂带。坚硬岩层中的矿床，其中的节理型裂隙较发育部位，彼此连通时可构成裂隙涌水通道。依据勘探及开采资料，把断裂带分为两类，即隔水断裂带和透水断裂带。

2）岩溶通道。岩溶空间极不均一，可以从细小的溶孔直到巨大的溶洞。它们可彼此连通，成为沟通各种水源的通道，也可形成孤立的充水管道。我国许多金属与非金属矿区，都深受其害。要认识这种通道，关键在于能否确切地掌握矿区的岩溶发育规律和岩溶水的特征。

3）孔隙通道。孔隙通道主要是指松散层粒间的孔隙输水。它可在开采矿床和开采上覆松散层的深部基岩矿床时遇到。前者多为均匀涌水，仅在大颗粒地段和有丰富水源的矿区才可导致突水；后者多在建井时期造成危害。此类通道可输送本含水层水入井巷，也可成为沟通地表水的通道。

（2）由于采掘活动等引起的人为涌水通道

这类通道是由于不合理勘探或开采造成的，理应杜绝产生此类通道。

1）顶板冒落裂隙通道。采用崩落法采矿造成的透水裂隙，如抵达上覆水源时，则可导致该水源涌入井巷，造成突水。

2）底板突破通道。当巷道底板下有间接充水层时，便会在地下水压力和煤矿压力作用下，破坏底板隔水层。形成人工裂隙通道，导致下部高压地下水涌入井巷造成突水。

3）钻孔通道。在各种勘探钻孔施工时均可沟通矿床上、下各含水层或地表水，如在勘探结束后对钻孔封闭不良或未封闭，开采中揭露钻孔时就会造成突水事故。

**4. 矿井水灾事故的预测**

煤矿突水过程主要决定于矿井水文地质及采掘现场条件。一般突水事故可归纳为两种情况：一种是突水水量小于矿井最大排水能

力，地下水形成稳定的降落漏斗，迫使矿井长期大量排水；另一种是突水水量超过矿井的最大排水能力，造成整个矿井或局部采区淹没。在各类突水事故发生之前，一般均会显示出多种突水预兆。

(1) 一般预兆

煤层变潮湿、松软；煤帮出现滴水、淋水现象，且淋水由小变大；有时煤帮出现铁锈色水迹。

工作面气温降低，或出现雾气或硫化氢气味。

有时可闻到水的“嘶嘶”声。

矿压增大，发生片帮、冒顶及底鼓。

(2) 工作面底板灰岩含水层突水预兆

工作面压力增大，底板鼓起，底鼓量有时可达 500 mm 以上。

工作面底板产生裂隙，并逐渐增大。

沿裂隙或煤帮向外渗水，随着裂隙的增大，水量增加，当底板渗水量增大到一定程度时，煤帮渗水可能停止，此时水色时清时浊，底板活动时水变混浊，底板稳定时水色变清。

底板破裂，沿裂缝有高压水喷出，并伴有“嘶嘶”声或刺耳水声。

底板发生“底爆”，伴有巨响，地下水大量涌出，水色呈乳白或黄色。

(3) 松散孔隙含水层突水预兆

突水部位发潮、滴水，且滴水现象逐渐增大，仔细观察可以发现水中含有少量细沙。

发生局部冒顶，水量突增并出现流沙，流沙常呈间歇性，水色时清时浊，总的趋势是水量、沙量增加，直至流沙大量涌出。

顶板发生溃水、溃沙，这种现象可能影响到地表，致使地表出现塌陷坑。

以上预兆是典型的情况，在实际具体的突水事故过程中，并不一定全部表现出来，所以应该细心观察，认真分析、判断。

### 5. 矿井水灾事故的预防

为了防止矿井水灾事故发生，减少矿井正常涌水，降低煤炭生产成本，在保证矿井建设和生产安全的前提下使国家的煤炭资源得到充分合理回收，应根据产生矿井水灾的原因，坚持预防为主，防治相结合的方针，在查明矿区和矿井水文地质条件基础上，按照当前与长远、局部与整体、地面防治与井下防治、防治与利用相结合的原则，根据不同的水文地质条件，分别采取防、疏、堵、截的方法予以防治。矿井防水分为地面防水和井下防水两种，采取的主要措施有：减少矿井充水水源或渗入矿井的水量，疏放降压对矿井有威胁的地下水，阻止水进入井巷；充分利用井田地质、水文地质条件构筑必要的工程，减少或防止发生突水事故。

## 四、煤矿防尘

目前，煤矿井下劳动条件差、尘毒危害严重的局面尚未根本扭转，煤尘爆炸事故不断发生，尘肺病人逐年增加，严重危害工人健康，直接影响安全生产。为了尽快扭转这一严重局面，消除井下粉尘危害，杜绝煤尘爆炸事故的发生，保护职工健康，实现安全生产，应从以下几个方面加强煤矿井下的防尘工作。

### 1. 加强领导，健全机构

建立防尘工作领导小组，指定一名副局（矿）长和总工程师担任组长，吸收生产、基建、安全、卫生、工会等有关部门负责同志参加，下设办公室处理日常工作。各级领导小组要切实加强对防尘工作的领导，把它作为搞好安全生产的重要内容来抓，研究制定防尘规划措施，定期检查进展情况，总结交流经验，及时解决存在问题，推动这一工作的全面开展。各矿（井）要成立防尘工区或其他专职机构，配齐防尘人员，负责全矿防尘管路、设备的安装、维护、管理和取样、测尘工作。各采煤、开拓、掘进等工区还要配备兼职防尘人员，实行专管与群管相结合的防尘系统，做到机构健全，组织严密，改变防尘工作无人负责的状态。

**2. 严格执行防尘管理制度**

（1）建立防尘工作责任制

划分各部门、各区（队）防尘职责范围，实行分片包干，做到责任分明。

（2）定期取样测定粉尘制度

新矿井在建井前必须对所有煤层进行煤尘爆炸性鉴定。生产矿井每年四月或十月进行煤尘爆炸性鉴定。各采掘工作面每旬要进行粉尘浓度的测定。

（3）防尘设备使用制度

作业规程没有综合防尘措施不准开工；采掘工作面没有防尘设施不准回采和掘进；有防尘设施不供水不准作业；防尘设备发生故障维修不好不准作业。

（4）巷道定期清扫冲刷制度

对容易积尘的运输机两旁、转载点、翻煤笼等要定期清扫煤尘；对主要运输大巷每季要用水冲洗，每半年要进行刷白。

（5）防尘检查制度

要把综合防尘作为安全检查、工程质量验收中的重要项目，对每次检查出来的问题，采取“三落实”（人员、地点、时间）的办法，认真加以解决。

（6）奖惩制度

对防尘工作有功的人员要给予奖励。对于违犯防尘规定，屡教不改的班组要扣发班组长当月奖金；属于区队干部失职要扣发区队干部当月奖金。在评选先进和晋升工资时，要把综合防尘工作作为一项重要评比条件。

**3. 坚持实行综合防尘**

岩石掘进工作面要坚持湿式凿岩、冲洗岩帮、装岩洒水、放炮前后喷雾和个人防护措施；半煤岩和煤巷掘进工作面要推广使用侧式供水电煤钻和水炮泥；煤尘大的采煤工作面推广煤层注水，采煤机组内外喷雾洒水，炮采要使用侧式供水电煤钻、水炮泥和坚持放炮前后喷雾；主要运输巷道要实行水幕净化，装载点洒水喷雾；开采有煤尘爆炸危险的煤层时要采取撒布岩粉或架设岩粉棚的措施。

**4. 搞好职业病防治工作**

要建立健全职业病防治机构，充实职防人员。对接触粉尘作业的人员要进行定期健康检查，做到早发现、早治疗。对现有尘肺病人要采取中西医结合治疗措施，加强治疗和管理，提高疗效，达到抑制病情发展，促进恢复健康，延长患者寿命的目的。积极开展尘肺防治科研工作，研究发病机理，寻找有效的治疗药物。

## 五、煤矿顶板事故预防

近年来，随着高档普采和综采的逐步发展，以及回采工作面顶板事故防治技术和设备的逐步提高，回采工作面顶板事故率逐步下降，而巷道顶板事故率则相对上升。

**1. 工作面顶板事故**

回采工作面是煤矿井下生产的第一线，提高工作面的单产是提高矿井原煤产量和降低原煤成本的关键。但是，在回采工作面推进过程中出现的顶板事故是影响回采工作面生产的一大隐患，正确区分各种顶板事故，采取有效控制措施，对回采工作面安全生产有着重要的意义。

（1）局部冒顶事故的原因及其预防措施

在回采工作面推进过程中局部冒顶事故时有发生，这类事故发生在破碎顶板的条件下（如页岩、煤顶、再生顶板等）。根据回采工作面的回采工艺过程和事故产生的原因不同，这类事故又可分为：采煤过程中发生的局部冒顶事故和回柱过程中发生的局部冒顶事故。

1）事故原因分析。采煤过程中发生的局部冒顶事故，主要原因是由于采煤过程中破碎顶板没有得到及时支护，顶板大面积出露和顶板悬露的时间过长，而导致直接顶受压变形，遭到破坏，或者，虽然对破碎顶板进行了及时支护，但由于支柱支设质量不好而造成了直接顶局部冒顶。回柱过程中发生的局部冒顶事故，主要原因是因回柱操作方式不合理，先回承压柱，引起周围破碎顶板冒落，导致大块岩石推倒支柱，使邻近破碎顶板失去支护而造成的。

2）预防措施

①在摸清顶板性质的基础上，认真做好破碎顶板情况的预测预报工作。采煤过程中要强化安全防范意识，认真观察顶板变形情况，发现问题及时处理，不留后患。

②合理选择工作面推进方向和回采工艺方式。为了防止顶板出露后因下沉量加大，破碎加剧，而导致顶板冒落，回采工作面要尽量垂直裂隙推进。在回采工艺方式上，如果采用炮采，应当采取小范围放小煤“开窗口”的方式，防止顶板大面积出露；如果是机采应选择单滚筒采煤机，尽量减少无立柱空间的宽度，减少顶板出露面积。

③采取合理的支护方式。在回采工作面推进过程中，实践经验证明，在破碎顶板条件下支护时，首先必须支护好刚裸露的顶板。因此，对采煤后出露的顶板要及时支护，在支护方法上，应尽量垂直裂隙挂梁，并且，合理的支护密度应保证与裂隙间距相适应。

④加强支柱的支设质量。当支柱支设的质量较差时，由于顶板受力不均匀，造成个别区域应力集中，破坏了顶板完整性。或支设支柱时，支柱的初撑力不足，使顶板在暴露初期产生了过大的离层或者过早断裂，破坏了顶板自身的完整性，造成局部冒顶。因此，在支设支柱时，不能将支柱支在浮煤上，必须找真顶和实底支设支架，保证支架的整体工作特性。另外，要尽量增大支柱的初撑力，目前，一般认为初撑力为工作阻力的50%比较适宜。

⑤采取正确的回柱方法。采取正确的回柱方法是防止顶板冒落的重要环节。在回采过程中，必须严格执行工作面的操作规程，采

取正确的回柱方法，以确保支柱承载均匀，防止顶板压力向局部支柱集中，使支柱承载不均匀，造成局部顶板破碎给回柱工作带来困难。

（2）直接顶运动造成的切顶垮面事故原因及其控制措施

1）事故发生的条件

①煤层条件。顶板垮面事故大多数发生在煤层厚度超过 1.5 m，煤层倾角大于 20°的单一煤层，或煤层下分层开采时。在这种情况下，煤层顶板有足够的运动空间，顶板在自重的作用下沿倾斜方向会产生较大的下滑力。此时，在下滑力的牵引下，顶板容易出现裂隙而加剧破碎。

②开采技术条件。在老顶来压之前，由于这个阶段顶板下沉量小，支架上的压力较小，直接顶容易离层，造成支架稳定性降低，且容易被推倒，或由于采空区冒落波及采场推倒支柱；在采煤、放顶过程中引起工作面发生局部冒顶事故，使顶板失去下部岩层对它的依托和上部岩层对它的牵制作用；工作面支护不合理，支柱初撑力低，辅助结构压缩量大，支柱钻底，造成顶板离层，以及由于支护方式不当，支柱反力方向不对，稳定性低，造成了回采工作面支架没有阻止顶板沿倾斜下滑的能力。

2）控制措施

①必须加强回采工作面日常顶板管理工作，防止回采工作面局部冒顶事故的发生。

②做好顶板情况的预测预报工作。首先，加强对顶板的下滑可能性进行预测，预测煤顶板是否存在下滑的煤层条件；顶板在倾斜方向上是否被切断而失去上部的牵制作用；是否存在有允许顶板下滑的空间。其次，根据煤壁片帮、顶板下沉量及支柱载荷有明显变化等现象，对顶板可能下滑的地点和时间进行判断，及时进行控制和管理。

③进行正确的支护控制设计。估算顶板沿倾斜方向的下滑力大

小，确定增加倾斜抬棚的数量，以提高对抗顶板下滑的能力，提高支柱的初撑力，保证足够的支护阻力，防止直接顶离层；另外，也可沿切顶线，架设丛柱或排柱，控制顶板下沉。实践证明，在条件允许的情况下，采用单体液压支柱或金属摩擦支柱加倾斜抬棚控制顶板，效果显著。

④注意支架支护的效果。回采工作面支架支护，必须与矿压显现情况相适应，支护时，支柱必须有一定的迎山角。

总之，对于回采工作面顶板事故应采取综合性的预防措施，同时，还要根据煤层的具体地质条件，特别是煤层顶板条件，选择合理有效的技术措施，才能很好地防止顶板事故的发生，取得良好的技术经济效果。

**2. 巷道顶板事故**

（1）巷道顶板事故的种类

巷道顶板事故按围岩结构及冒落特征分为以下几类：

1）镶嵌型围岩坠矸事故。

2）离层型围岩片帮冒顶事故。

3）松散破碎围岩塌漏抽冒事故。

4）块状围岩断裂冒顶事故。

5）软岩膨胀变形毁巷事故。

上述5类巷道顶板事故中，镶嵌型围岩坠矸事故一般约占50%，在其他顶板事故中，以离层型围岩片帮冒顶事故和松散破碎围岩塌漏抽冒事故为主。

（2）镶嵌型围岩坠矸事故原因分析及防治措施

由于巷道顶板事故的原因不同，为了有效防止事故的发生，必须根据不同类型事故有针对性地采取措施。

1）镶嵌型围岩坠矸事故原因分析

①开工前或放炮后，在无支护空顶区，敲帮问顶和找掉不及时、不彻底或违章操作，对隐性镶嵌型顶板未发现或未采取有效措施。

②空顶范围大，空顶距离超过作业规程规定。当工作面节理裂隙发育时，未采取有效措施。

③在炮掘工作面，尤其在大断面巷道或交叉点，炮眼布置不合理，装药量过大，崩倒或崩歪迎头支架。

④在机掘工作面，由于断面大，进度快，空顶面积迅速增大，受采动支撑压力和冲击地压等外力影响，大型镶嵌型坠矸在空顶区失稳坠落，甚至推垮不稳定的迎头支架。

2）镶嵌型围岩坠矸事故的防治措施。根据此类顶板事故的特点，应采取如下防治措施：

①开工前、班中及放炮后，坚持按操作规程敲帮问顶，发现危岩随时找掉。

②改进人工敲帮问顶和找掉方法，研制测定“危岩”稳定性的声振谱发射仪和安全找掉工具。

③根据围岩性质、掘进工艺和支护形式，确定合理的空顶距离。当空顶区节理裂隙发育，有隐性危岩时，必须缩小空顶距离，采取临时支护或锚杆支护。

④炮掘工作面应严格按钻眼爆破图表施工。放炮前加固迎头支架，放炮后及时支架。

（3）离层型围岩片帮冒顶事故原因分析及防治措施

1）离层型围岩片帮冒顶事故原因分析

①工作面出现“伞檐”离层断裂向下方自由空间滑移导致劈帮。

②锚喷巷道封闭锚喷不及时或质量不符合要求，巷道受淋水、放炮震动等外在因素影响，围岩风化剥落。

③空顶面积大，无超前支护，迎头支架不及时或架设质量差；拱形金属支架卡缆螺母转矩小，支撑力不足，整体性差。

2）离层型围岩片帮冒顶事故的防治措施。此类事故多发生在围岩层理极其发育、围岩风化及空顶面积过大条件下，主要应采取以下措施：

①易风化剥落的巷道，应在一昼夜内封闭锚喷到迎头，封闭喷浆厚度至少 20 mm。

②合理确定空顶距离及超前支护形式。在炮掘工作面，应根据围岩条件和永久支护形式，采用穿梁超前支护、固定前探梁或铰接前探梁支护、托钩架梁无腿棚支护或锚杆超前支护等形式。在机掘工作面，应发展配套的液压迈步前移超前支架。

③合理选择巷道位置及掘进时间，根据离层型围岩特征，采用适应的锚杆支护或金属拱形可缩性支架。围岩压力大的巷道应缩小棚距，选用限位卡缆。服务年限较长，断面在 10 $m^2$ 以上，围岩压力较大的巷道，支架之间必须用金属拉杆稳固连接。

(4) 松散破碎围岩塌漏抽冒事故原因分析及防治措施

1) 松散破碎围岩塌漏抽冒事故原因分析

①在空顶区，由于空顶范围大，破碎围岩悬露时间长，支护未跟到迎头，造成迎头塌漏抽冒。

②在迎头支护区，由于放炮崩倒迎头支架而塌冒，或支架未插严背实，造成空顶虚帮。

③在地质作用破碎带、采掘影响破碎区，巷道穿过老巷或松软厚煤层、巷道维修及收尾回撤支架区，未采取有效的安全措施，造成塌漏抽冒事故。

④在巷道交叉点及贯通点，因巷道支撑压力集中叠加，抬棚上方直接顶冒落范围及高度扩大；抬棚架设质量及材质不合格或长期失修。

2) 松散破碎围岩塌漏抽冒事故的防治措施。此类事故隐患比较明显，同时也最容易由较小的冒落迅速发展成大面积高拱冒落。防治措施主要有以下几种：

①炮掘工作面采用对围岩震动较小的掏槽方法，控制装药量及放炮顺序。

②根据不同情况，采用超前支护、留中心垛掘进法、短段掘砌

法、超前导硐法等少暴露破碎围岩的掘进和支护工艺，缩短围岩暴露时间，尽快将永久支护紧跟到迎头。

③根据围岩性质、巷道服务年限及用途，合理选择不同的永久性支护形式，通过压力异常区时，应缩小棚距，加强支架的稳固性。

④积极采用围岩固结及冒落空间充填新技术。对难以通过的破碎带，采用注浆固结或化学固结新技术。对难以用旧木料充填的冒落空洞，采用水泥骨料、化学发泡、金属网构件或气袋等充填新技术。

⑤采上分层工作面时，回净顺槽及开切眼支架，铺满假顶，放落顶板，坚持注水或注浆提高再生顶板质量；避免出现网上空洞区。下分层掘进以预留木橛为导向，在过无网区或出入网边时，必须打撞楔控制顶板。遇有网兜、网下沉、破网或网上空洞区，必须采取措施处理后再往前掘进。

⑥选用大直径优质木抬棚或金属抬棚，严格按抬棚操作规程架设及维修。要控制扒门装药量，无特殊回固措施不得利用抬棚牵吊大件，防止抬棚被运行矿车及设备剐撞。在老巷道利用旧棚子套改抬棚时，必须先打临时支柱或托棚。在巷道贯通或通过交叉点前，必须采用点柱、托棚或木垛加固前方支架，控制放炮及装药量，防止崩透崩冒。

⑦维修老巷时，必须从有安全出口及支架完好的地方开始。在斜巷及立眼维修时，必须架设安全操作平台，加固眼内支架，保证行人及煤矸溜放畅通。

## 第三节　露天煤矿生产安全事故

原生矿床露天开采是在敞露的地面把有用矿物开采出来。为了采出矿石，需将矿体周围的岩石及其覆盖层剥离，通过露天矿道路或者地下巷道把矿石和岩石运至地表。搬移土岩的生产过程叫剥离，开采矿石的过程称采矿。露天矿开采是剥离和采矿的总称，露天矿开采分为机械开采、人工开采、水力开采和挖掘船开采。我国露天矿开采一般采用机械开采。

露天开采与地下开采相比有以下突出的优点：

(1) 生产能力大

受开采空间的限制小，可采用大型机械设备，利于实现自动化开采，从而大大提高开采强度和矿石产量。目前世界上最大的露天煤矿美国北安特洛浦—罗切斯特煤矿年产量可以达到1亿t左右。但由于大型生产设备应用，大型露天矿投资较大，如我国平朔安家岭露天煤矿投资达40亿元人民币，准格尔黑岱沟露天煤矿投资为97亿元人民币。

(2) 资源回收率高

资源回收率一般在90%以上，由于露天开采无须留安全煤柱，绝大部分资源都可开采出来。

(3) 劳动生产率高

按每工生产煤炭产量计算，美国平均25.6 t/工，德国平均81.8 t/工；我国平朔安太堡露天煤矿20.4 t/工，准格尔黑岱沟露天煤矿引入拉斗铲改扩建后工效达96.0 t/工。

(4) 生产成本低

如阜新海州露天煤矿煤成本为50～60元/t，准格尔黑岱沟露天煤矿引入拉斗铲改扩建后煤成本为43.8元/t。

(5) 作业条件好

矿工作业安全性较高，无瓦斯、顶板冒落等井工开采频发易发的灾害。

(6) 建设速度快

一个数千万吨规模的露天开采矿区，只要外部条件配合恰当，一般1～3年可建成。

露天矿开采的主要缺点是：占用土地多，地表植被及地貌受到破坏，采矿污染环境；受气候影响大，如严寒、冰雪、酷热和暴风雨等都对露天矿开采有一定影响；对矿床的赋存条件要求较严格，埋藏较深的矿床的露天矿开采往往受到限制。

露天煤矿的主要危险、有害因素有采剥排土系统事故、运输系统事故、边坡与滑坡防治系统事故、火灾、煤尘爆炸、水害、爆破器材存储、运输和使用事故、电气事故、职业危害及其他的危险有害因素。

## 一、采剥排土系统事故

### 1. 采剥系统

如某露天煤矿可行性研究报告中，设计剥离工程采用单斗—卡车开采工艺。采煤采用单斗—卡车—半移动破碎站—带式输送机半连续开采工艺。设计使用WK－20型挖掘机。一期工程期间使用两台挖掘机，两年5.0 Mt/年过渡期时使用4台挖掘机，二期工程期间使用6台挖掘机，达产后第10年生产剥采比由4.80 $m^3$/t增大到5.97 $m^3$/t时，自营挖掘机增至8台。采剥系统危险有害因素见表1—1。

表1—1　　采剥系统危险有害因素

| 危险有害因素 | 伤害情况 |
| --- | --- |
| 单斗挖掘机与清扫作业的推土机因操作失误导致相撞 | 挖掘设备在启动、行走、装车前，未发信号，其他设备没有确认，瞭望不够，造成挖掘机与车、推土机或其他设备的剐碰 |
| 人员误入作业区，铲斗撒出物料砸伤人员 | 挖掘机司机因技术不熟、不负责任、睡眠不足、精神不佳、装车时砸车箱、剐车体或箱斗，撒落物料砸伤人员 |
| 双侧装载时，卡车就位不准导致物料撒落 | 挖掘机装煤时未注意煤中混杂的铁器（如电铲勺斗大牙、翻板，或其他金属部件等），造成破碎机损坏及运煤皮带撕裂、断裂损伤 |

续表

| 危险有害因素 | 伤害情况 |
| --- | --- |
| 卡车倒车时司机操作失误与挖掘机相撞等 | 挖掘机走车时瞭望不够或缺乏经验，造成掉道，断方轴，轧坏电缆 |
| 电铲采装 | 冬季采装时，台阶上的冻土岩块会砸伤电铲 |
| | 雨季平盘有积水，会造成电铲陷入软岩 |

### 2. 爆破作业

（1）爆破作业可能产生的危险情况

1）现场加工药包或装药时爆炸。火雷管、塑料导爆管遇明火或撞击；非电毫秒雷管、非电瞬发雷管遇明火或撞击。

2）爆破作业瞎炮。起爆时断爆；非电瞬发电雷管及非电毫秒雷管起爆、塑料导爆管起爆、导爆线起爆及导火线火雷管起爆都可能因网络连接有误出瞎炮；火药及火工品质量不合格或过期变质可能出瞎炮；加工起爆药包时，雷管未放入其中；装药时岩粉碎石堵塞，隔断起爆弹与炸药引起拒爆等。

3）二次爆破出瞎炮。先行起爆的炸飞了后续起爆的导火线；火雷管未装入炸药中，火雷管失效；导火线中断传导；火工品质量差，过期变质。

4）瞎炮爆炸。瞎炮附近补穿孔砸、撞引爆系统而爆炸；机械清理不规范、人工清理不规范而爆炸；推土机作业，砸、撞引爆系统而爆炸；不知有瞎炮，挖掘机作业、推土机作业而引爆。

5）爆破飞石伤害。安全警戒距离之内的人没通知周全，有人被飞石砸伤；安全警戒距离不够，有人被飞石砸伤；设备的安全警戒距离不明确砸坏了设备；瞎炮处理不当，引起爆炸伤人。

6）残药爆炸。炸药混装车向钻孔中装药，到最后一孔没清扫干净，在车中有残留炸药。

（2）爆破材料储存可能出现的危险情况

1）避雷线电阻值超标，雷电引爆火药库。

2）库房起火。爆破材料遇静电火花、火种、撞击起火；电气设备电弧、电气设备操作失误、电气老化起火。

（3）爆破材料运输可能存在的危险有害因素

1）火工品无毡布遮盖，夏季受烈日暴晒，火药车行车聚集大量静电（接地链导电不良时）。

2）押运人员装卸火工品时，不小心撞击爆破器材，穿着易产生静电的衣服和带钉的鞋等。

### 3. 排土作业

排土作业对推土机、自卸式卡车机械性能要求很高，尤其是制动系统不能有任何问题，另外对安全堤的要求也很高。安全堤高度不合格，推土机容易倒出安全堤而掉坑。此外，作业人员操作不慎、倒车超速、视线不清，也很容易造成事故。

## 二、运输系统事故

### 1. 卡车运输

例如，根据某露天煤矿可行性研究报告资料，设计在一期阶段使用20台，二期使用31台108 t自卸式卡车运输，外包工程队伍设计在一期使用84台、二期使用149台25 t自卸式卡车运输。即使是在一期工程阶段，场内运输车辆已经达到了104台，另外还有各种服务型车辆，包括炸药混装车、杂项服务作业车、压路机、洒水车、平地机、加油车、生产指挥车等。众多不同性质的车辆同时在场内作业，若不遵守场内交通规则，不按照各自的路线行驶，不遵守统一调度制度，就很容易发生事故。本矿剥离选用108 t大型卡车盲区较大，容易引起碰撞其他卡车和砸小型车辆或人员，存在的危险程度较大。启动时没给信号，或没走出司机室瞭望盲区，最容易发生轧小车、轧设备和轧人的危险。另根据该矿所属地区露天煤矿收集的资料统计可知，近三年内该区露天煤矿发生过三起卡车运输事故。其中两起是车辆事故：一起是车辆掉坑，另一起是倒车轧人事故。

交通运输系统存在的主要危险情况有：

(1) 卡车与轻型车碰撞

卡车与轻型车碰撞俗称大车轧小车。由于车体结构的原因，驾驶卡车的司机不能看到向前行驶的最近路段，构成视野盲区。因而不可避免地存在大型卡车与驶入其盲区的轻型车辆发生碰撞的可能性。此类事故在大型露天矿中多有发生。

卡车运行的主要危险有害因素是：存在盲区；转向、制动失效(机械系统、电气系统和人为因素)；轻型卡车驶入（相对运动）盲区之前未能发现（天气影响、夜晚)；超速运行；司机技术不佳；行车路线违规等。

轻型车运行的主要危险有害因素是：违反行车规则，不遵守左侧通行；停车位置不安全（如盲区内)；超速行驶；抢道；刹车失效；转向不灵；人为因素（情绪焦躁、作风松懈、困乏、不守规程、饮酒等)。

(2) 卡车与卡车碰撞

驾驶员操作失误，不熟悉露天场内的作业环境和路线，不合理使用灯光，超速、超载或是抢路行驶，也容易发生车辆碰撞事故。该露天煤矿生产能力大，使用车辆多，而且该矿地处高寒地带，冬季冰冻时期较长，路面较滑，也容易造成车辆碰撞和翻倒事故。冬天冰雪，视线不清，容易发生追尾。卡车运行中存在卡车与卡车相碰撞的可能性，其主要危险有害因素有：超速行驶；抢道；道路等级差（转弯半径小、坡度大，竖曲线半径小，道路宽度不足三车道)；安全路标不齐，无反光标识等；路面不好；司机操作失误；车况不佳；两车同侧行驶时后面的车速过快或制动失效可能导致追尾。

(3) 卡车着火

导致卡车着火的主要危险有害因素是油和火源。

1) 可燃油。发动机漏油；储油箱漏油及其连接的油管破裂漏油。

2）液压油。液压油泵漏油；液压油管漏油；翻卸车举升缸系统漏油；后车轮内制动系统漏油；前车轮转向系统漏油；控制系统漏油；润滑油系统漏油。

3）火源。主要是刹车片摩擦高温，一旦遇到喷洒出的油起火燃烧；发动机排气管高温红热，遇到喷洒出的油燃烧；电气着火。

（4）卡车起动撞坏设备、撞轧人

卡车起动前瞭望不够，尤其是对存在于盲区和车体附近的人员与设备查看不够；发出行车信号不到位或未发出信号。

（5）卡车侧翻倒

过弯时卡车速度超过了额定车速，导致超过了重车抗倾倒的安全系数，导致翻倒。装车时超载、偏载，且过弯道时偏载在弯道外侧导致事故的发生。路面凹凸不平，导致卡车过弯道时，路面外侧超高不足，加大离心力矩，使车辆翻倒；偏载侧在路面凹处，导致事故发生。

（6）卡车翻滚到台阶下

安全挡墙不合格，高度宽度不够，坚固程度不够，或无安全挡墙。超速行车，弯道处超速导致离心力过大撞毁安全墙翻滚而下。

（7）装车不规范，如出现超载、装载过满，卡车边缘会有大块物料掉落，容易砸伤人员。

（8）爆胎

轮胎磨耗超限或轮胎局部受损伤，抗空气压力明显下降到不能约束轮胎内空气压力时；轮胎受到突然撞击，胎内压力突然增大，超过轮胎约束力；轮胎受到热源的热量，胎内压力增加，超过轮胎约束力。

**2. 皮带运输**

皮带运输存在的危险有害因素主要有：

（1）皮带纵向撕裂

金属物料、硬块砸伤皮带或在转载点处卡住，撕裂皮带；跑偏开关失灵，皮带跑偏后磨损、挂住部件，撕裂皮带；皮带机件（清扫器架、挡料帘固定件、机头槽梁、护栏等）在运转中损坏脱落，在转载点处卡住，将皮带撕裂；托辊不转或断裂后卡在皮带上，将皮带撕裂。

（2）皮带横向拉断

皮带跑偏后又回来，但未回原位，而被物料挡板内侧挡住，拉伤该侧皮带边缘，断口渐大，而横向拉断。

（3）皮带缠绕主驱动滚筒

在皮带机头（驱动站）处，由于被撕裂的皮带缠绕主驱动滚筒，扩大了事故，造成了张紧滑轮损坏和滚筒损坏事故。

（4）皮带跑偏

滚筒轴向与皮带运行方向不垂直；托辊轴向与皮带运行方向不垂直；滚筒一侧磨耗过量；托辊故障；大块、重物料冲击皮带弹起又回落，而未落回原位、跑偏。

（5）撒料或溢料

因皮带跑偏引起皮带过度磨耗而撒料；前后序皮带机启动和停机程序失误，造成转载点处大量溢料事故；转载点处挡料帘破损造成撒料。

（6）人员伤亡

皮带运行中（未停机），临时探进身体、手臂清扫或维修造成伤亡；停机维修、清扫时，由于闭锁失灵或其他原因突然开机，人员来不及撤出被卷进去造成死亡；停机时，人员违章踏上皮带，突然启动后，被卷进去而死亡。

有的露天煤矿处于高寒地带，冬季非常寒冷。冬季在生产过程中，皮带运输物料有可能发生冻结。若是在皮带运输过程中出现物料冻结而没有及时发现或没有采取措施，就很可能产生皮带撕裂或是皮带摩擦着火。因此，对于皮带运输环节应采取相应的防止物料冻结的安全措施。

## 三、滑坡防治系统事故

滑坡是对露天矿威胁最大的地质灾害。根据研究，当边坡稳定系数下降到 1.0 以下时，边坡就可能失稳并最终产生滑坡。对已发生的各类滑坡事故分析可知，导致露天矿边坡失稳的主要因素有：

**1. 岩性**

露天矿边坡岩体岩性以软岩为主，软岩中蒙脱石含量达 13%～63%，一般为 40%，且第四系潜水丰富，同时，边坡中有多层软弱夹层，对边坡稳定十分不利。同时，内、外排土场排弃物料以泥岩为主，物料松散，散体物料岩体强度低，对排土场边坡稳定性十分不利。

**2. 地下水**

地下水是影响边坡稳定性十分敏感的因素。地下水位增高，边坡稳定性下降。

**3. 坡表水**

胜利一号露天矿边坡岩性以软岩为主，蒙脱石含量达 23%，其遇水后，强度降低较快，往往造成滑坡。

**4. 边坡角**

边坡角是控制边坡稳定程度的最主要因素之一，边坡角大，边坡稳定性差。

**5. 排土场基底**

排土场基底工程地质、水文地质条件是决定排土场排弃高度、边坡稳定性的决定性因素。基底承载力低，排土场稳定性差。

**6. 排土线推进强度**

排弃物料排弃后，均有自然沉降周期和孔隙压力消散过程。如果排土强度过大，基底或排土台阶排弃物内孔隙压力未及时消散，极易造成滑坡或片帮。

7. **排弃工艺**

最下层应该排弃硬岩，然后还要软岩和硬岩混合排放。

边坡稳定是关系到露天煤矿安全生产的重要环节，需要矿方特别重视，认真做好边坡管理和维护工作，防止出现重大滑坡事故。

## 四、台阶塌陷、片帮、滚石

如某露天矿所处井田地质的第四系十分发育，广泛分布于煤系地层之上。厚度在 10.55～68.77 m，平均 32.78 m。岩性由褐黄色黏土、砂质黏土、沙砾，少量的中沙、细沙、粉沙、少量的砖红色砾石和腐殖土等组成。岩石抗压强度均小于 10 MPa，系软弱松散岩类，而岩性复杂。岩石强度低，台阶有发生坍塌、片帮的危险。

该露天煤矿采用挖掘机采剥装载，场内还有松动爆破作业，由于区内岩石较为松散，在施工作业中，台阶坡面有发生滚石的危险。

曾有临近露天矿发生过一起表土台阶超高和地表渗漏导致的工作面台阶坍塌事故，造成 4 人死亡，设备损坏的重大损失。

## 五、火灾

露天煤矿涉及的火灾危险，依据引火源的性质可分为内因火灾危险和外因火灾危险两种。内因火灾主要是煤炭在一定的条件和环境下（破碎堆积、连续的供氧条件和保存热量的环境），自身发生物理、化学变化，逐渐聚集热量而着火形成的火灾。外因火灾是可燃物受到外来热源的作用而形成的火灾。

内因火灾主要是煤炭的自燃，主要可能发生内因火灾的地方是采场、处理矸石的排土场及储煤场等。

快速装车站和圆形储煤场均是可能发生内因火灾的重要场所。如果露天煤矿所采的煤为褐煤，煤容易发生自燃。因此在这两个要害场所要配备有足够的消防器材，而且还要建立严格的管理制度，专人负责，随时观测检查，一旦发现隐患及时处理。在储煤场还应留有消防通道，以便出现危险情况能够及时灭火。

外因火灾主要发生于设备、建筑物、仓库、油库、爆破器材库、各作业车间等。可能发生在生产作业场所的外因火灾因素主要有：挖掘机、履带式推土机、平路机、吊车等设备的液压系统、润滑系统及电气系统可能导致火灾；皮带运输机着火。

其中皮带运输机发生火灾的危险性比较大。虽然皮带一般都具有阻燃性，但是当局部温度过高时也会导致燃烧。主要是皮带运输机的某些部件由于轴承损坏后继续作业，致使该转动部件停转，产生摩擦使温度过高，从而导致着火。另外，当带式输送机运送的物料是煤时，若皮带周围煤尘积压过多，也会导致因煤尘着火而引燃皮带。

露天煤矿一般油库储油量较大，油库属于存在爆炸性气体环境，属于重大危险区域，是消防工作防范的重点对象。

## 六、煤尘爆炸

当粒径小于 1 mm 具有爆炸性的煤尘悬浮于空气中，且浓度在 40 g/m³～2 500 g/m³ 之间，氧气浓度大于 13%，遇到火源（最低点火温度 600 ℃～1 000℃）或火花（最低点火能 30 mJ）时，就会发生爆炸。

煤尘爆炸会产生高温火焰（温度可达 2 500℃）、爆炸冲击波（最高达 2 MPa），并生成大量的 CO 和其他有毒有害气体。高温火焰造成人员皮肤、呼吸器官和消化器官黏膜烧伤，并造成电气设备毁坏，甚至引起火灾。爆炸冲击波可造成人员创伤、死亡，造成设备毁坏。

煤尘爆炸多发生在局部空间内。对于露天煤矿，最有可能发生煤尘爆炸的场所是快速装车站、圆形储煤场和皮带运输机走廊内。

露天煤矿生产能力较大，快速装车站储煤量也较多，容易产生大量煤尘。而圆形储煤场储煤量通常都较大，在这样一个封闭的空间内储存大量煤炭，一旦该地区干燥多风，极易产生大量煤尘。如果降尘除尘措施不到位，就很可能造成大量煤尘积聚，这就为煤尘爆炸创造了条件。在生产中应加强对各煤层煤尘爆炸性的监测工作，以避免发生爆炸。

## 七、水害

露天矿水害主要是矿坑内地下水涌出和大气降雨积水。水害不仅影响矿山的生产，还会导致滑坡、地基沉降等地质灾害。以下是某露天矿水害控制措施。

**1. 地下水控制**

一期达产时期，该含水层主要分布在－5勘探线附近，即采掘场的中部。利用降水孔超前疏干降压和平盘集水沟、集水坑平行疏干的联合疏干方式疏降Ⅰ号含水层地下水。二期达产时期，Ⅰ号含水层的疏干方式同一期。采用地面降水孔超前疏干截取部分补给量，在平盘开挖集水沟、集水坑疏干静储量的联合疏干方式疏降Ⅱ号含水层地下水。

**2. 采场排水**

在采掘场坑底较低位置开挖集水坑，设置采掘场排水泵站，排水泵站随采掘推进而相应移设。由排水泵站向南侧端帮布设两条相互平行的排水管路（一条正常降雨排水管路和一条暴雨排水管路），排水管路引至地面后向西平行于1号疏干排水管布置。暴雨排水管路的水排放至采掘场西南侧天然沟道中排除区外。二期达产时，在采掘场底部煤岩破碎站附近，由于断层两侧2煤底板的赋存情况，相应地将采掘场坑底划分成两个汇水区。在各自汇水区的较低位置开挖集水坑，分别设置采掘场1号排水泵站和2号排水泵站。雨季时，在采掘场坑底设临时排水沟，汇水通过临时排水沟进入采掘场排水泵站。

### 3. 地面排水

采掘场北侧、东侧修筑1号防洪堤Ⅰ段拦截上游汇水；在采掘场北侧端帮地表境界外利用2号疏干排水管路埋设后形成的挡水土堤拦截局部汇水。

一期达产以后，在采掘场北侧修筑1号防洪堤Ⅱ段，并将1号防洪堤Ⅱ段与Ⅰ段相连接构成一个长达6 300 m的防洪堤，拦截采掘场北侧大范围的汇水，将汇水导出区外。并在采掘场北侧端帮境界外设置1号挡水坝拦截1号防洪堤南侧流入采掘场的汇水。对1号挡水坝汇水区内不能自流排出的汇水采用潜水电泵排出。

## 八、爆破器材存储、运输及使用事故

例如，某露天煤矿按7 Mt/年生产能力消耗量爆破材料对爆破材料库进行了设计。二期达到设计产量时爆破材料消耗量为：多孔粒状铵油炸药693.4 t/年，乳化炸药115.6 t/年，2号岩石炸药177.2 t/年；塑料导爆管38.5万m/年，导火索0.8万m/年，导爆索15.4万m/年；火雷管1.5万发/年，非电毫秒雷管2.3万发/年，非电瞬发雷管2.3万发/年。因此，煤矿需建爆破材料库、混装炸药车地面制备站各一座。

考虑当地没有爆破材料制造厂，该矿爆破材料库储存各种炸药的总容量，不得超过由该库所供应露天煤矿两个月的计划需用量；导爆索及雷管的总容量不得超过六个月的计划需用量。因此，本着这一原则，爆破材料库内布置有乳化炸药库、2号岩石炸药库、雷管库、导爆索库及其相关辅助设施。

库区内拟建：乳化炸药库一座，储存量为30 t，危险等级为1.1级；2号岩石炸药库一座，储存量为30 t，危险等级为1.1级；雷管库一座，储存量为5万发，危险等级为1.1级；导爆索库一座，储存量为$3\times10^5$m，危险等级为1.1级。

库区内有大门、门卫及值班室、消防泵房、消防水池、雷管检查室等相应的辅助设施，满足安全需要。

爆破材料采用一台专用运输车运输，爆破材料库共有生产人员8人。

爆破材料库为危险品仓库区。爆破材料仓库1.1级危险品仓库单个库房外部安全距离均满足国家标准《民用爆破器材工程设计安全规范》(GB 50089—2007) 规范要求。爆破材料库1.1级危险品仓库之间均设有防护屏障，内部距离符合国家标准《民用爆破器材工程设计安全规范》(GB 50089—2007) 有关规定。

爆破器材是危险物品，应该有严格完善的管理制度，由专人负责。该危险品是必要的生产物品，但是一旦外泄、流失，会给社会带来极大的危害。因此，应依照我国《民用爆破物品安全管理条例》建立相应的爆破器材存储、运输和使用管理制度。

## 九、电气事故

### 1. 过电压和消防隐患

由于气候变化，雷雨时节常因雷击产生过电压、放电产生火花或将设备和电缆击穿，甚至短路。放电产生的火花或短路的火源将易燃物（电缆、控制线、残留少量的油、油污等）点燃，引发火灾，变电所内未装设烟雾报警装置、通风排烟装置及足够的灭火器材，事故处理困难，导致事故扩大，变电所停电，露天矿停产。

### 2. 开关断路器容量不足

由于多种原因设备损坏，电缆所产生的短路电流相当大，地面10 kV级短路电流可达1 000 A以上，因开关断路器容量小，不能分断短路电流，瞬间产生大量的热能而烧毁设备及电缆，或可能引发火灾扩大事故，造成部分用户或矿区停电、停产，可能导致人员伤亡、财产损失。

### 3. 电源线路缺陷

矿区电源线路如果未按当地气象条件设计，一旦遇到大风、雷、雪、结冰等恶劣气候，线路强度不足，易造成倒杆、断线。

**4. 继电保护装置缺陷**

继电保护是变电站（所）的重要装置，如果未装设或设计不当，形式落后，就会出现越级跳闸、误动作，没有选择性跳闸，无故停电，扩大事故范围。

**5. 触电**

露天煤矿变电所架空线路全线应设有避雷线。强电变配电所应设有独立的避雷针，母线设阀型避雷器可防雷电波入侵。移动变电站内也要设有避雷器。露天采掘场 6 kV 以上配电系统应采用中性点经电阻接地系统，接地保护装置设在移动变电站。

## 十、职业危害因素

**1. 粉尘**

粉尘对工人的健康极为不利，长期暴露于粉尘浓度较高的作业场所，可能会对作业人员造成伤害。长期接触煤尘会引起煤硅肺。此外粉尘还会降低工作场所的可见度，使工伤事故增多，加速机械的磨损，缩短精密仪表的使用时间。

对于露天作业场所，粉尘危害尤其严重，在整个生产过程中都不可避免地产生各种粉尘，其中采掘作业场所、排土场、钻机钻孔场所、破碎站及皮带运输转载点产生的粉尘尤为突出。

**2. 生产性噪声与振动**

机械设备运转和煤岩的钻孔、破碎及转载过程中都会产生强度不等的噪声。长期接触一定强度的噪声，会对人体产生不利的影响，如对听力的损伤，严重导致噪声性耳聋，或对神经系统、心血管系统等产生影响。一般是钻机在钻孔过程和机修车间及其他大型设备运转的场所产生的噪声强度较大。

对于操纵大型设备的人员，由于长期接触设备运转过程中振动的操纵杆，可能会导致局部振动病。

### 3. 有毒有害气体

露天作业环境中的有害气体主要是来自爆破、燃料尾气和煤炭自燃，爆破产生的有害气体与应用的炸药有关，常见的气体有一氧化碳、二氧化氮等。

煤层或排放到排土场混有煤的矸石长期暴露在空气中易发生自燃，自燃后产生的大量煤烟中含有烟尘、一氧化碳、二氧化碳、二氧化硫、氮氧化物、碳氢化物等有害气体。

各种挖掘机械和运输机械燃料尾气含有一氧化碳、氮氧化物等也会污染环境。以上有毒有害气体在露天矿坑深处不容易扩散，会对作业人员的健康产生损害甚至中毒。

### 4. 其他

如计量设备中的电离辐射、变电所等场所的电磁辐射、机修车间电焊作业产生的紫外线等都对人体有所伤害。

## 十一、其他事故

### 1. 油库

（1）油罐漫溢

卸油时不能及时监测液面，造成油品跑冒，使油蒸气浓度迅速上升，达到爆炸极限范围，遇到火源，即可发生爆炸燃烧。

（2）油品滴漏

由于卸油胶管破裂、密封垫破损、快速接头螺钉松动等原因，使油品漏在地面，遇火花燃烧。

（3）静电起火

由于油管、罐车无静电接地，卸油时流速过快等原因造成静电积聚放电点燃油蒸气。

（4）在非密封卸油过程中，大量油蒸气从卸油口冒出，当周围出现烟火时，就可能爆炸燃烧。

（5）油罐车到站未静置稳油（小于 10 min）即开盖量油，会引起静电起火。

(6) 油管未安装量油孔或量油孔铝质（铜质）镶槽脱落，在量油时，量油尺与钢质管口摩擦产生火花，就会点燃罐内油蒸气，引起爆炸燃烧。

(7) 在气压低、无风的环境下，穿化纤服装，摩擦产生静电火花也能点燃油蒸气。

(8) 清洗油罐不彻底，残余油蒸气，摩擦、电火花都会导致火灾。

(9) 加油时未采取密封加油技术，使大量油蒸气外溢或由于操作不当，油品外溢等原因，在加油口附近形成一个爆炸危险区域，遇明火、使用手机、铁钉鞋摩擦、金属碰撞、电气打火、发动机排气管喷火等，都可导致火灾。

(10) 油罐、管道渗漏。由于设备质量低，受腐蚀或法兰未紧固等原因，造成油品渗漏，遇明火燃烧。

(11) 雷击。雷电直击或间接放电于油罐及有关设备，导致燃烧、爆炸。

(12) 电气火灾。电气设备老化，绝缘破损，过流、短路、接线不规范，电气使用不当等引起火灾。

(13) 油蒸气沉积。油蒸气密度比空气密度大，易沉淀于管沟、电缆沟、下水道等低凹处，一旦遇火会发生爆炸燃烧。

(14) 明火管理不严。生产、生活用火失控，引起站房或站外火灾。

该油库采用地上立式钢制内浮顶储油罐储油。该露天矿不设加油站，坑下大型难移设备的加油采用加油车到现场进行。汽车轮胎充气由外修队承担。

所有输油管路做防腐绝缘处理后埋地敷设。

**2. 机修车间危险性分析**

露天煤矿机修车间是机电维修的重要场所，拥有多种加工手段，其危险有害因素是机械伤害、高空坠物、触电伤害、噪声、粉尘、火灾等。

（1）机械伤害

在设备检修和机械加工中，机械事故比例较高，主要有：

1）维修设备时，由于防护不当造成砸、挤、剐、碰等人身伤亡事故和机械故障。

2）维修车间内设施如各种机床、电动大门，由于操作不当或失控，造成人身伤害事故。

3）检修车辆运输事故及电焊气焊等设备防护不当，违章操作造成外伤。

4）由于维修车间通道不畅，引起碰、挤、卡、撞等事故。使用移动吊车时，因司机的盲区（被墙体遮挡等原因）而导致拉倒墙体砸伤人员等危险情况。

5）机修车间用电设备及设施较多，电气装置绝缘损坏、操作失误、误接触带电物体、设备漏电等均可引发触电事故。

6）拆装轮胎、轮辋时，未按操作规程操作，轮胎气体未放尽就进行拆装作业，造成崩胎、崩轮辋事故。

（2）高空坠落伤害

1）高空检修设备作业时，未采取必要的防护措施，造成人员坠落事故。

2）吊装作业时，未按吊装作业安全规程操作，造成高空坠物伤人事故。

（3）火灾及爆炸

机修中心常用压缩气体、乙炔气、氧气、喷漆等，使用不当（如氧气、乙炔气之间的距离过近等）会发生危险，对人体造成伤害。

# 第四节 露天煤矿生产安全事故预防

## 一、采剥系统安全事故预防措施

(1) 单斗挖掘机司机上车前应该观察周围人员情况，倒车、装车、行车起动前发信号，装车不砸车箱，不剐车体、勺斗，不撒落物料、岩块，不陷铲，不压电缆。

(2) 台阶高度。不爆破的剥离台阶和爆破的煤岩台阶分别不得大于挖掘机最大挖掘高度的1倍和1.2倍；司机应密切关注滚石从高处砸入司机室。

(3) 过渡期挖掘机增至4台，二期时达到6台，最终数量确定为8台，多台挖掘机同时作业，需要制定相应的作业规程，在不同的台阶采剥互不影响。

## 二、运输系统安全事故预防措施

### 1. 卡车运输安全事故预防措施

(1) 大型卡车启动行车前和倒车时要观察周围人员情况，及时发出信号。

(2) 行车保持间距，不超载、不超速（尤其是弯道不超速）；会车道口缓行或停车瞭望，礼让行车，遵守道路行车规则（如界限内左侧通行，限界外右侧通行）。

(3) 大卡车安装并改进视盲镜，减少卡车视野盲区；小车插高位标志杆（昼旗夜灯），便于被大卡车发现。

(4) 保证道路质量合格，安全挡墙合格，防排水系统合格，安全路标齐全、合格，有夜间显示，平路车和洒水车要保障道路清洁平整。

(5) 修路设备功能完善、能力齐全；洒水车能力充足，坚持洒水。

(6) 雨天路泞，坏天气道路积水、积雪、结冰有防治措施。

(7) 该矿地处高寒地带，由于天气原因导致视线不清，要有保障场内灯光的照明设施。

(8) 加强对卡车司机的技术培训和安全培训，使他们熟悉作业场内的路线和安全常识。

除以上安全技术措施外，对该矿卡车运输提出以下建议：

(1) 避免运煤系统与剥离系统平面交叉，以减少危险因素。

(2) 加强外包工程协作单位的安全管理，建立相应的管理制度，防止因为行驶车辆多、线路不清而造成交通运输事故。

(3) 应将新增大卡车与原有小卡车设置成各自相对独立的运输系统，以防止大卡车轧小车、碰撞等事故发生。

(4) 及时检修机械操作系统和电气系统，保持制动和转向系统完好。

(5) 每天按安全标准检查轮胎气压，予以增补，发现轮胎剐伤影响安全时及时更换，卸螺母时严防伤人。

(6) 严格执行防灭火管理制度，及时检查自动灭火装置，备足灭火器材，一旦轮胎着火，火势扩大时，只能用水枪远距离灭火，禁止人员靠近。

**2. 皮带运输安全事故预防措施**

(1) 建议矿方对皮带运输机走廊采取防冻措施，以免因为天气原因造成物料黏结而致使皮带撕裂、着火。

(2) 皮带运输机要安装自动闸或逆止器、防跑偏等安全保护装置，安全保护装置要齐全、完好、先进，性能可靠，以防撕裂撒料、飞石等。

(3) 机头、机尾处设安全防护罩，防止人员擅入，防止飞石溅出。

(4) 皮带运输机走廊为全封闭式，为了避免煤尘积聚，应设置降尘装置。

(5) 设备巡视人员发现问题时，等停机后进行处理。电气检修应确认停电并挂好接地线后进行检修，避免发生伤亡；设备检修时，停电要有人看护开关，或上锁，防止多工种、多人交叉作业情况下，误操作造成事故。

## 三、排土工程安全事故预防措施

(1) 建议在初步设计之前，做必要的工程地质勘探、岩石物理力学试验，对采场、内外排土场边坡稳定性做出定量评价。

(2) 为防止卡车在卸车排土时跌落台阶，必须严格控制倒车速度不要过猛，且制动系统良好；有合格的安全堤（高为车轮直径的2/5）；作业场地保持3%～5%反坡；排水系统良好，场地无积水，场地不滑。雨后不能立刻作业，待作业场地晾干后，能正常下沉承载载重卡车时方可作业。

(3) 为防止卡车侧翻，倒车方向要垂直工作线，不要歪斜驶向安全挡土墙（使单侧后轮驶上挡墙——车身重心升高偏向一侧——失稳侧翻）；不超载，不超速。

(4) 加强地表水管理，防止坡表水入渗边坡，严禁坡表水沿坡漫流。对非稳定区边坡建立临时变形监测线，并进行必要的变形预测或滑坡预报。雨季，加强边坡巡视与加密变形观测。

(5) 建议在排土工作面设移动照明灯，保证夜间照明良好，并及时调整照射范围和方向，确保不刺激卡车司机的眼睛，并保证排土工作面视线良好。

(6) 为防止推土机跌落台阶，不准平行工作线推土而且又靠近边沿。

(7) 为防止推土机与卡车碰撞，时刻注意观察，以信号沟通，判断准确。

## 四、边坡与滑坡防治系统安全事故预防措施

（1）建立、完善边坡管理制度，设立专职机构、人员管理边坡。

（2）应不间断地加强并改进疏干排水措施。

（3）对非稳定区边坡建立临时变形监测线，并进行必要的变形预测或滑坡预报。雨季，加强边坡巡视与加密变形观测。

（4）制定滑坡应急救援处理预案。应投入专项资金进行边坡稳定工作。

## 五、防治水系统安全事故预防措施

（1）雨季前对全矿防排水设施做全面检查，制定好防排水计划和措施。对露天矿地表和边坡上的排水沟要进行修补、清淤，以防倒灌和漫流。有渗漏危险地段设平盘导流槽和边坡导流槽。在滑坡危险区周围设截水沟。在水沟经过变形、裂缝地段处采取防渗措施。

（2）疏干排水方案要确保相应条件下的边坡稳定、开采工艺的可靠性和恶劣天气（严寒）条件下的工艺可操作性。

（3）在后期开采揭露Ⅰ号、Ⅱ号裂隙—孔隙承压含水层前，对其采取预先疏干降压措施，应进行地下水位、水压及涌水量的观测，分析地下水对边坡的影响程度及疏干效果，进一步制定地下水治理措施，确保地表和坑内排水设施不对边坡构成渗水威胁。

（4）建议初步设计阶段对排土场排水设施做出详细说明。外排土场应布设行之有效的排水设施，包括水沟、导流槽，防止冲刷和过量渗透，尤其防止基底积水，以确保外排土场的稳定。

（5）制定好防治水的应急预案，以保证矿区生产不受水害影响。

（6）建议在初步设计中根据临近煤矿实际资料和两个以上的方法对洪峰流量计算进行核实。

（7）建议矿方在初步设计时在二期达产期补充暴雨时期相应能

力的排水泵，以保证暴雨时期的安全生产需要。

## 六、防尘、防灭火安全事故预防措施

（1）皮带运输机走廊内应装设降尘喷雾装置，快速装车站也应该设置降尘除尘装置，以防煤尘积聚。

（2）储煤场内部应定时进行必要的除尘，以防出现火灾。而且还要留有消防通道，一旦出现着火能够及时采取措施。

（3）作业场内及道路上洒水车应保障没有煤尘飞扬，确保空气清新，视线清楚，保证运输安全。

（4）应制定详细的防治煤炭自然发火的安全技术措施和完善的防灭火系统。

（5）应进一步对煤矿采、运、排的主要设备和辅助设备火灾进行分析和制定防治措施。

（6）对防尘系统进行详细的设计，应注意凿岩用水的防冻和道路洒水对呼吸性粉尘的抑制，可根据实际情况添加防冻剂和湿润剂。

（7）采掘、运输、排土等主要设备，必须备有灭火器材，并定期检查和更换，保证质量合格、数量充足、功能有效。

（8）制定各部门的消防责任制度，建立应急预案。

## 七、爆破作业和爆破材料运输与储存系统安全事故预防措施

（1）培训爆破特殊工种工人（持公安局颁发考试合格证书），执行《煤矿安全规程》和《爆破作业安全操作规程》，完成本矿爆破作业，可保障安全。

（2）本煤矿采取垂直双排孔松动爆破方式，在炮孔装药充填和爆破安全警戒距离等方面应严格遵守《煤矿安全规程》的要求。

（3）矿方需要建立完善的爆破材料库管理制度，包括领取登记、运输和使用制度，并且配备专人负责。

## 八、供电安全事故预防措施

为进一步提高矿山供电的可靠性，保证矿山生产不受影响，生产过程中还应注意以下几点：

(1) 为提高电气设备可靠性，积极推广供配电软件的应用，及时调整继电保护的整定值，建立一套完整的继电保护整定技术档案。

(2) 建立供配电系统定期检查制度，排查隐患，确保供配电系统的可靠性。

(3) 定期检查采场和排土场的接地网，并及时测量接地网的电阻值。

(4) 加强对通信系统设施的维护和防雷、接地等安全防护的检修。

(5) 建议移动变电站和用电设备接地或接零线采用橡套电缆，并配备相应的接地线监测系统；爆破作业结束后，必须检查爆破区的接地装置。

(6) 35 kV 电源架空线路只按经济电流选择型号，建议同时采用安全载流量和热稳定性选择架空线。

(7) 该矿的外部供电电源不详细，请说明供电电源来自方向及长度。

(8) 建议有淹没危险的主排水泵站的电源线路设有两回路，当一回路停电，另一回路能承担最大的排水负荷。

## 九、安全卫生保健措施

(1) 新工人入矿前，必须经过体检，不适合从事露天煤矿作业者不得录用。

(2) 接触粉尘及其他有毒有害物质的作业人员，必须定期进行健康检查。体检鉴定患有职业病或职业禁忌证，并确诊不适合原工种的，应及时调离。

（3）破碎场、排土扬等粉尘和有毒有害气体污染源，应当位于工业场地和居民区的最小频率风向的上风侧。

（4）作业地点的空气中，粉尘和有毒有害物质的浓度不得超过规定值，并定期进行测定。产尘及有毒有害作业点的人员，应佩戴个体防护器具。

（5）作业场所的噪声，不宜超过 90dB（A）。达不到噪声标准的作业场所，作业人员应佩戴防护用具。

（6）对于振动危害，尽量选用振动小、动平衡性能好的设备，或安装减振设施；操作人员要佩戴防振手套、穿防振鞋等个体防护用品，降低振动危害程度。

（7）采场附近应设保健站或医务室，并备有电话、急救药品和担架。

（8）该露天煤矿应备有医疗救护用车、保健站，并备有电话等通信设施、急救药品和担架等应急设施。

# 第二章 煤矿应急救援工作体系

## 第一节　生产安全事故应急工作概述

### 一、什么是安全生产应急管理

根据风险控制原理，风险大小是由事故发生的可能性及其后果严重程度决定的，事故发生的可能性越大，后果越严重，则该事故的风险就越大。因此，控制事故风险的根本途径有两条：第一条是事故预防，防止事故的发生或降低事故发生的可能性，从而达到降低事故风险的目的。然而，由于受技术发展水平、人的不安全行为及自然客观条件（乃至自然灾害）等因素影响，要将事故发生的可能性降至零，即做到绝对安全，是不现实的。事实上，无论事故发生的频率降至多低，事故发生的可能性依然存在，而且有些事故一旦发生，后果将是灾难性的，如印度的博帕尔事件、苏联的切尔诺贝利核电站泄漏等。那么，如何控制这些发生概率虽小、后果却非常严重的重大事故风险呢？无疑，应急管理成为第二条重要的风险控制途径。

安全生产应急管理工作必须首先立足于防范事故的发生。要从安全生产应急管理的角度，着重做好事故预警、加强预防性安全检查、搞好隐患排查整改等工作。

（1）加强风险管理、重大危险源管理和事故隐患的排查整改

工作

各地区、各有关部门和各类生产经营单位通过建立预警制度、加强事故灾害预测预警工作，对重大危险源和重点部位定期进行分析和评估，研究可能导致安全生产事故发生的信息，并及时进行预警。

（2）做好应急救援工作

坚持“险时搞救援，平时搞防范”的原则，建立应急救援队伍参与事故预防和隐患排查的工作机制，尤其组织煤矿、危险化学品和其他救援队伍参与企业的安全检查、隐患排查、事故调查、危险源监控及应急知识培训等工作。各类救援队伍把参与事故预防工作作为自已的基本职责之一，积极主动地参与并做好这方面的工作。

（3）避免事故发生后迟报、漏报、瞒报等问题

国务院办公厅和国家安全生产监督管理总局对信息报告工作做出了明确的规定，各地区、各部门、各单位要认真贯彻执行，要与气象、水利、国土资源等部门加强工作联系和衔接。对重大特大事故灾难信息、可能导致重特大事故的险情，或者其他自然灾害可能导致重特大安全生产事故灾难的重要信息，各级安全监管部门、其他有关部门和各生产经营单位要及时掌握、及时上报并密切关注事态发展，做好应对、防范和处置工作。

（4）强化现场救援工作

发生事故的单位要立即启动应急预案，组织现场抢救，控制险情，减少损失。事故现场救援必须坚持属地为主的原则，在各级政府的统一领导下，建立严密的安全生产事故应急救援的现场组织指挥机构和有效的工作机制，加强部门间的协调配合，快速组织各类应急救援队伍和其他救援力量，调集救援物资与装备，科学制定抢救方案，精心有力地开展应急救援工作，做到及时施救、有序施救、科学施救、安全施救、有效施救。各级安全监管部门及其应急救援指挥机构要会同有关部门搞好联合作战，充分发挥好作用，给政府

当好参谋、助手。

（5）做好善后处置和评估工作

通过评估，及时总结经验，吸取教训，改进工作，以提高应急管理和应急救援工作水平。

## 二、安全生产应急管理的特点和意义

### 1. 安全生产应急管理的特点

与自然灾害、公共卫生事件和社会安全事件相比，安全生产应急管理更显示其复杂性、长期性和艰巨性等特点，是一项长期而艰巨的工作。

首先，安全生产应急管理本身是一个复杂的系统工程。从时间序列来看，安全生产应急管理在事前、事发、事中及事后四个过程中都有明确的目标和内涵，贯穿于预防、准备、响应和恢复的各个过程；从涉及的部门来看，安全生产应急管理涉及安全监督管理、消防、卫生、交通、物资、市政、财政等政府的各个部门，以及诸多社会团体或机构，如新闻媒体、志愿者组织、生产经营单位等；从应急管理涉及的领域来看，则更为广泛，如工业、交通、通信、信息、管理、心理、行为、法律等；从应急对象来看，种类繁多，涉及各种类型的事故灾难；从管理体系构成来看，涉及应急法制、体制、机制和保障系统；从层次上来看，则可划分为国家、省、市、县及生产经营单位应急管理。由此可见，安全生产应急管理涉及的内容十分广泛，在时间、空间和领域等方面构成了一个复杂的系统工程。

其次，重大安全生产事故所表现出的偶然性和不确定性，往往给安全生产应急管理工作带来消极的心理影响：一是侥幸心理，主观认为或寄希望于这样的安全生产事故不会发生，对应急管理工作淡漠，而应急管理工作在事故灾难发生前又不能带来看得见、摸得着的实际效益，这也使得安全生产应急管理工作难以得到应有的重视；二是麻痹心理，经过长时间的应急准备，重大事故却一直没有发生，易滋生麻痹心理而放松应急工作要求和警惕性，若此时突然发生重大事故，则往往导致应急管理工作前功尽弃。重大安全生产事故的偶然性和不确定性，要求安全生产应急管理常备不懈，一刻也不能放松，且任重道远。

**2. 安全生产应急管理的意义**

（1）工业化进程中存在的重大事故灾难风险迫切需要加强安全生产应急管理。目前我国正处在工业化加速发展阶段，是各类事故灾难的“易发期”。社会生产规模和经济总量的急剧扩大，增加了事故的发生概率；企业生产集中化程度的提高和城市化进程的加快，也加大了事故灾难的波及范围，加重了其危害程度。近年，全国自然灾害、事故灾难、公共卫生事件和社会安全事件四类突发公共事件，造成巨大的人员伤亡和经济损失，特别是煤矿等行业领域的问题仍然严重，重特大事故尚未有效遏制。由于非法生产问题没有真正得到解决，加上经济发展速度偏快，粗放式经济增长方式尚未改变，工矿企业超能力、超强度、超定员生产及交通运输超载、超限、超负荷运行现象比较普遍。面对依然严峻的安全生产形势和重特大事故多发的现实，迫切需要加强安全生产应急管理工作，有效防范事故灾难，最大限度地减少事故给人民群众生命财产造成的损失。

（2）加强安全生产应急管理，提高防范、应对重特大事故的能力，是坚持以人为本、执政为民的重要体现，也是全面履行政府职能，进一步提高行政能力的重要方面。首先，安全需求是人的最基本的需求，安全权益是人民群众最重要的利益。从这个意义上说，“以人为本”首先要以人的生命为本，科学发展首先要安全发展，和谐社会首先要关爱生命。落实科学发展观，构建社会主义和谐社会，就要高度重视、切实抓好安全生产工作，强化安全生产应急管理，最大限度地减少安全生产事故及其造成的人员伤亡和经济损失。其次，在社会主义市场经济条件下，社会管理和公共服务是政府的重要职能。应急管理是社会管理和公共服务的重要内容。贯彻落实科学发展观和建设社会主义和谐社会，更需要把包括安全生产在内的应急管理作为政府十分重要的任务。

## 三、安全生产应急管理的基本任务

### 1. 安全生产应急管理指导思想

以邓小平理论和“三个代表”重要思想为指导，坚持“以人为本”，全面落实科学发展观和构建社会主义和谐社会的战略思想，坚持“安全发展”的指导原则和“安全第一、预防为主、综合治理”的方针，全面落实《国民经济和社会发展第十二个五年规划纲要》《国家突发公共事件总体应急预案》《安全生产“十二五”规划》和国家安全生产事故灾难有关应急预案，推动“一案三制”（预案、体制、机制和法制）及应急管理体系、队伍、装备建设，切实提高预防和处置安全生产事故灾难的能力，最大限度地减少人员伤亡和财产损失，促进全国安全生产形势进一步好转。

### 2. 安全生产应急管理主要任务

根据新修订的《中华人民共和国安全生产法》（以下简称《安全生产法》），在安全生产应急管理工作上，应完成以下几个方面的任务。

（1）完善安全生产应急预案体系

各级安全监管部门及其他有安全监管职责的部门要在政府的统一领导下，根据国家安全生产事故有关应急预案，分门别类制定、修订本地区、本部门、本行业和领域的各类安全生产应急预案。各生产经营单位要按照《生产经营单位安全生产事故应急预案编制导则》制定应急预案，建立健全包括集团公司（总公司）、子公司或分公司、基层单位及关键工作岗位在内的应急预案体系，并与政府及有关部门的应急预案相互衔接。

地方政府有关部门制定的有关安全生产事故应急预案要报上一

级人民政府有关部门和安全监管部门备案。生产经营单位的安全生产事故应急预案，要报所在地县级以上人民政府安全生产监督管理部门和有关主管部门备案，并告知相关单位。中央管理企业的安全生产事故应急预案，应按属地管理的原则，报所在地的省（区、市）和市（地）人民政府安全生产监督管理部门和有关主管部门备案；中央管理企业总部的安全生产事故应急预案报国家安全生产监督管理总局和有关主管部门备案。各级安全监管部门要把安全生产事故应急预案的编制、备案、审查、演练等作为安全生产监督、监察工作的重要内容，通过应急预案的备案、审查和演练，提高应急预案的质量，做到相关预案相互衔接，增强应急预案的科学性、针对性、实效性和可操作性。依据有关法律、法规和国家标准、行业标准的修改变动情况，以及生产经营单位生产条件的变化情况、预案演练过程中发现的问题和预案演练的总结等，及时对应急预案予以修订。

生产经营单位要积极组织应急预案的演练，高危企业每年至少要组织一次应急预案的演练。各级安全监管部门要协调有关部门，每年组织一次高危企业、部门、地方的联合演练。通过演练，检验预案、锻炼队伍、教育公众、提高能力，促进企业应急预案与政府、部门应急预案的衔接和对应急预案的不断完善。

（2）健全和完善安全生产应急管理体制和机制

落实《国民经济和社会发展第十二个五年规划纲要》确定的关于安全生产应急救援体系建设重点工程。各级安全监管部门都要明确应急管理机构，落实应急管理职责。完成省、市两级安全生产应急救援指挥机构的建设，应急救援任务重、重大危险源较多的县也要根据需要建立安全生产应急救援指挥机构，做到安全生产应急管理指挥工作机构、职责、编制、人员、经费五落实。

理顺各级安全生产应急管理机构与安全生产应急救援指挥机构、安全生产应急救援指挥机构与各专业应急救援指挥机构的工作关系。对于隶属于省级煤矿安全监察机构的煤矿应急救援指挥机构，各省级安全监管部门要与省级煤矿安全监察机构共同协商，完善体制、建立机制、理顺关系、做好工作。

加强各地区、各有关部门安全生产应急管理机构间的协调联动，积极推进资源整合和信息共享，形成统一指挥、相互支持、密切配合、协同应对事故灾难的合力。要发挥各级政府安全生产委员会及其办公室在安全生产应急管理方面的协调作用，建立安全生产应急管理工作的协调机制。

（3）加强安全生产应急队伍能力的建设

依据全国安全生产应急救援体系总体规划，依托大中型企业和社会救援力量，优化、整合各类应急救援资源，建设国家、区域、骨干专业应急救援队伍。加强生产经营单位的应急能力建设。尽快形成以企业应急救援力量为基础，以国家级区域专业应急救援基地和地方骨干专业队伍为中坚力量，以应急救援志愿者等社会救援力量为补充的安全生产应急救援队伍体系。各地区、各部门要编制本地区、本行业安全生产应急救援体系建设规划，并纳入本地区、本部门经济和社会发展“十二五”规划之中，确保顺利实施。

各类生产经营单位要按照安全生产法律法规要求，建立安全生产应急救援组织。大中型煤矿、建筑施工单位和危险物品的生产、经营、储存单位，以及具有重大危险源的生产经营单位应当建立专职安全生产应急救援队伍。其他小型高危险生产经营单位没有建立专职安全生产应急救援队伍的，要指定兼职应急救援人员，并与专业安全生产事故应急救援队伍签订应急救援协议。其他生产经营单位应根据预案实施的需要，建立必要的应急救援指挥机构和专兼职的应急救援队伍。

统筹规划，建设具备风险分析、监测监控、预测预警、信息报告、数据查询、辅助决策、应急指挥和总结评估等功能的国家、省（区、市）、市（地）安全生产应急信息系统，实现各级安全生产应急指挥机构与相关专业应急指挥机构、国家级区域应急救援（医疗救护）基地及骨干应急救援（医疗救护）机构间的信息共享。应急信息系统建设要结合实际，依托和利用安全生产通信信息系统和有关办公信息系统资源，规范技术标准，实现互联互通和信息共享，避免重复建设。

高度重视应急管理和应急救援队伍的自身建设，建设一支政治坚定、作风过硬、业务精通、装备精良、纪律严明的安全生产应急管理和应急救援队伍。加强思想作风建设，强化忧患意识、执行意识、服务意识、奉献意识，养成勤勉敬业、雷厉风行、尊重科学、敢打硬仗的作风。加强业务建设，强化教育、培训与训练，提高管理水平和实战能力。建立激励和约束机制，对在安全生产事故应急救援工作中做出突出贡献的单位和个人，要给予表彰和奖励。

（4）建立健全安全生产应急管理法律法规及标准体系

加强安全生产应急管理的法制建设，逐步形成规范的安全生产事故灾难预防和应急处置工作的法律法规和标准体系。认真贯彻《安全生产法》和《中华人民共和国突发公共事件应对法》（以下简称《突发事件应对法》），认真执行国务院《关于全面加强应急管理工作的意见》和《国家突发公共事件总体应急预案》。要抓紧研究制定安全生产应急预案管理、救援资源管理、信息管理、队伍建设、培训教育等配套规章规程和标准，尽快形成安全生产应急管理的法规标准体系。

各地区、各有关部门要依据有关法律、法规和标准，结合实际制定并完善安全生产应急管理的地方和部门法规规章及标准。生产经营单位要建立和完善内部应急管理的规章制度。

（5）坚持预防为主、防救结合，做好事故防范工作

切实加强风险管理、重大危险源管理与监控，做好事故隐患的排查整改工作。建立预警制度，加强事故灾难预测预警工作，要定期对重大危险源和重点部位进行分析和评估，对可能导致安全生产事故的信息要及时进行预警。

充分发挥安全生产应急救援队伍的作用，坚持“险时搞救援，平时搞防范”的原则，建立应急救援队伍参与事故预防和隐患排查整改的工作机制，组织煤矿、危险化学品及其他相关救援队伍参与企业的安全检查、隐患排查、事故调查、危险源监控及应急知识培训等工作。国家级区域救援基地和骨干救援队伍要发挥辐射带动作用，根据自身特点和优势，广泛开展技术业务咨询和服务，帮助企业特别是中小型企业做好相关工作。

以生产经营单位、社区和乡镇为重点，加强基层和现场的应急管理工作。从建立健全应急预案、建立救援队伍、加大应急投入、完善救援保障、普及应急知识等方面入手，将各项工作落实到各环节、各岗位。全面加强基层安全生产应急管理工作，提高第一时间的应急处置水平和能力。

(6) 做好安全生产事故救援工作

按照国务院办公厅《关于加强和改进突发公共事件信息报告工作的意见》要求，做好信息报告等工作。对重特大事故灾难信息、可能导致重特大事故的险情，或者其他灾害和灾难可能导致重特大安全生产事故灾难的重要信息，各级安全监管部门、其他有关部门和各生产经营单位要及时上报并密切关注事态发展，做好应急准备和处置工作。

发生事故的单位要立即启动应急预案，组织现场抢救，控制险情，减少损失。要在各级政府的统一领导下，依靠科技手段，加强事故发展趋势预测工作，发挥专家的作用，科学制定事故现场救援方案。同时，建立事故应急救援的现场组织工作机制，加强协调配合，有效组织各类应急救援队伍和救援力量，调集救援物资与装备，开展应急救援工作。各级安全监管部门及其应急指挥机构要会同有关部门加强对事故现场救援的具体组织、指挥、协调工作。

高度重视安全生产事故灾难的信息发布、舆论引导工作，为处置事故灾难营造良好的舆论环境。坚持正面宣传，及时、准确发布信息，正确引导舆论。充分发挥中央和地方主流新闻媒体的舆论引导作用，安全监管系统及各行业内各媒体要积极发挥作用。

安全生产事故灾难善后处置工作结束后，现场应急救援指挥部要分析总结应急救援经验教训，提出改进建议。各级安全监管部门和其他有安全监管职责的部门要对所辖区域内安全生产事故灾难的处置、相关防范工作和应急管理工作进行评估，及时改进工作，提高应急管理工作水平。

(7) 加强安全生产应急管理培训和宣传教育工作

将安全生产应急管理和应急救援培训纳入安全生产教育培训体系。在有关注册安全工程师、安全评价师等安全生产类资格培训，以及特种作业培训、企业主要负责人培训、安全生产管理人员培训和市、县长等培训中增加安全生产及管理的内容。分类组织开发应急管理和应急救援培训适用教材，加强培训管理，提高培训质量。生产经营单位要加强对从业人员的应急管理知识和应急救援内容的培训，特别是要加强重点岗位人员的应急知识培训，提高现场应急处置能力。

充分发挥出版、广播、电视、报纸、网络等文化宣传力量的作用，通过各种有效的方式，加大宣传力度。要使安全生产应急管理的法律法规、应急预案、救援知识进企业、进机关、进学校、进社区，普及安全生产事故预防、避险、自救、互救和应急处置知识，提高生产经营单位从业人员救援技能，增强社会公众的安全意识和应对灾难的能力。

(8) 加强安全生产应急管理支撑保障体系建设

依靠科技进步，提高安全生产应急管理和应急救援水平。成立国家、专业、地方安全生产应急管理专家组，对应急管理、事故救援提供技术支持；依托大型企业、院校、科研院所，建立安全生产应急管理研究和工程中心，开展突发性事故灾难预防、处置的研究攻关；鼓励、支持救援技术装备的自主创新，引进、消化吸收先进救援技术和装备，提高应急救援装备的科技含量。

建立政府、企业、社会相结合的多方共同支持的安全生产应急保障投入机制。各级安全监管部门和其他有安全监管职责的部门要根据国家有关规定，积极争取将安全生产应急管理和应急救援需要政府负担的经费，纳入本级财政年度预算。制定安全生产应急救援队伍有偿服务的指导意见和管理办法，建立安全生产应急救援队伍正常的经费渠道。企业要建立安全生产应急管理的投入保障机制。

加强与有关国家、地区及国际组织在安全生产应急管理和应急救援领域的交流与合作。积极参与国际煤矿救援技术竞赛及国际安全生产应急救援活动。密切跟踪研究国际安全生产应急管理发展的动态和趋势，开展重大项目的研究和合作。继续组织国际交流和学习培训，学习、借鉴国外事故灾难预防、处置和应急体系建设等方面的有益经验。

## 第二节　生产安全事故应急体系

### 一、安全生产应急体系结构

安全生产应急救援体系与公共卫生、自然灾害、社会安全等应急体系共同构成国家应急体系，是国家应急管理的重要支撑和主要组成部分。通过各级政府、企业和全社会的共同努力，建立起一个统一协调指挥、结构完整、功能齐全、反应灵敏、运转高效、资源共享、保障有力、符合国情的安全生产应急救援体系，并与公共卫生、自然灾害、社会安全应急救援体系进行有机衔接，可以有效应对各类安全生产事故灾难，提高政府应对突发事件和风险的能力，保障国家经济社会和政治稳定。从国外的经验来看，建立集中统一的应急救援体系也是国外的成功经验，从国内严峻的安全生产形势来看，建立健全安全生产应急救援体系是完善安全生产监管体系的需要，也是全面建设小康社会的要求。

安全生产应急救援体系总的目标是：控制突发安全生产事故的事态发展，保障生命财产安全，恢复正常状况。要实现这三个总体目标，必须遵循统一领导、分级管理，条块结合、属地为主，统筹规划、合理布局，依托现有、资源共享，一专多能、平战结合，功能实用、技术先进，整体设计、分步实施等原则。

因此，《全国安全生产应急救援体系总体规划方案》（安监管办字［2004］163号）明确了安全生产应急救援体系建设的指导思想，即以“三个代表”重要思想和党的十六大精神为指导，树立全面、协调、可持续的科学发展观，坚持“安全第一、预防为主、综合治理”的方针，从我国国情和安全生产的现实需要出发，统筹考虑我国中长期经济社会发展规划，充分吸收借鉴国内外成熟的经验，硬件和软件并重，根据轻重缓急，有计划、有重点地加强应急救援体制、机制、法制、队伍和装备建设，按照国务院《关于进一步加强安全生产工作的决定》的要求，逐步建立健全全国安全生产应急救援体系，增强安全生产事故灾难应急救援能力，最大限度地减少国家和人民生命财产的损失。按照该规划方案的要求，全国安全生产应急救援体系的总体结构主要由组织体系、运行机制、支持保障系统及法律法规体系等部分构成。

## 二、安全生产应急组织体系

组织体系是全国安全生产应急救援体系的基础，主要包括应急救援的领导决策层、应急管理与协调指挥系统及应急救援队伍等，体系结构如图2—1所示。

### 1. 领导决策层

按照统一领导、分级管理的原则，全国安全生产应急救援领导

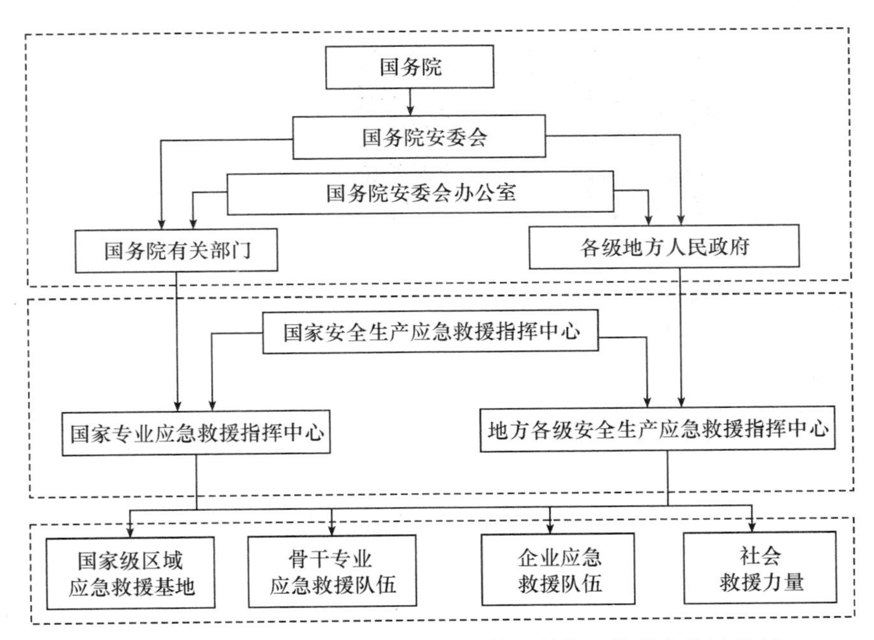


图 2—1　全国安全生产应急救援组织体系结构（按预案分级职责）

决策层由国务院安委会及其办公室、国务院有关部门、地方各级人民政府，以及企业生产经营单位组成。

国务院安委会统一领导全国安全生产应急救援工作，负责研究部署、指导协调全国安全生产应急救援工作；研究提出全国安全生产应急救援工作的重大方针政策；负责应急救援重大事故的决策，对涉及多个部门或领域、跨多个地区的影响特别恶劣事故灾难的应急救援实施协调指挥；必要时协调总参谋部和武警总部调集部队参加安全生产事故应急救援；建立与协调同自然灾害、公共卫生和社会安全突发事件应急救援机构之间的联系，并相互配合。

国务院安委会办公室承办国务院安委会的具体事务。负责研究提出安全生产应急管理和应急救援工作的重大方针政策和措施；负责全国安全生产应急管理工作，统一规划全国安全生产应急救援体系建设，监督检查、指导协调国务院有关部门和各省（区、市）人民政府安全生产应急管理和应急救援工作，协调指挥安全生产事故灾难应急救援；督促、检查安委会决定事项的贯彻落实情况。

国务院有关部门在各自的职责范围内领导有关行业或领域的安全生产应急管理和应急救援工作，监督检查、指挥协调有关行业或领域的安全生产应急救援工作，负责本部门所属的安全生产应急救援协调指挥机构、队伍的行政和业务管理，协调指挥本行业或领域应急救援队伍和资源参加重特大安全生产事故应急救援。

地方各级人民政府统一领导本地区安全生产应急救援工作，按照分级管理的原则统一指挥本地区安全生产事故应急救援。

企业生产经营单位负责本单位的安全生产应急救援工作，积极组织和参与本单位的安全生产应急救援工作。

**2. 应急管理与协调指挥系统**

全国安全生产应急管理与协调指挥系统由国务院应急管理办公室、国家安全生产应急救援指挥中心、有关专业安全生产应急管理与协调指挥机构、地方各级安全生产应急管理与协调指挥机构、企业安全生产应急指挥机构组成。

国务院应急管理办公室主要办理涉及自然灾害、公共卫生、社会安全等重大突发事件的处置、预警预报及相关防范业务，主要职责包括承担国务院总值班工作，及时掌握和报告国内外相关重大情况和动态，办理向国务院报送的紧急重要事项，保障国务院与各省（区、市）人民政府、国务院各部门联络畅通，指导全国政府系统值班工作；负责协调和督促检查各省（区、市）人民政府、国务院各部门应急管理工作，协调、组织有关方面研究提出国家应急管理的政策、法规和规划建议；负责组织编制国家突发公共事件总体应急预案和审核专项应急预案，协调指导应急预案体系和应急体制、机制、法制建设，指导各省（区、市）人民政府、国务院各部门应急体系、应急信息平台建设等工作；协助国务院领导处置特别重大突发公共事件，协调指导特别重大和重大突发公共事件的预防预警、应急演练、应急处置、调查评估、信息发布、应急保障和国际救援等工作；组织开展信息调研和宣传培训工作，协调应急管理方面的国际交流与合作。

国家安全生产应急救援指挥中心参与拟定、修订全国安全生产应急救援方面的法律法规和规章，制定国家安全生产应急救援管理制度和有关规定并负责组织实施，负责全国安全生产应急救援体系建设，指导、协调地方及有关部门安全生产应急救援工作，组织编制和综合管理全国安全生产应急救援预案，并对地方及有关部门安全生产应急预案的实施进行综合监督管理；负责全国安全生产应急救援资源综合监督管理和信息统计工作，建立全国安全生产应急救援信息数据库，统一规划全国安全生产应急救援通信信息网络；负责全国安全生产应急救援重大信息的接收、处理、上报工作，分析重大危险源监控信息并预测特别重大事故风险，及时提出预警信息；指导、协调特别重大安全生产事故灾难的应急救援工作，根据地方或部门应急救援指挥机构的要求，调集有关应急救援力量和资源参加事故抢救，根据法律法规的规定或国务院授权组织指挥应急救援工作；组织、指导全国安全生产应急救援的训练、演习等培训工作，协调指导有关部门依法对安全生产应急救援队伍实施资质管理和救援能力评估工作；负责安全生产应急救援科技创新、成果推广工作，参与安全生产应急救援国际合作和交流；负责国家投资形成的安全生产应急救援资产的监督管理，组织对安全生产应急救援项目投入资产的清理和核定工作；完成国务院安委会办公室交办的其他事项。另外，根据中央机构编制委员会的文件规定，国家安全生产应急救援指挥中心经授权履行安全生产应急救援综合监督管理和应急救援协调指挥职责。

依托国务院有关部门现有的应急救援调度指挥系统，建立完善煤矿、危险化学品、消防、铁路、民航、核工业、海上搜救、电力、旅游、特种设备10个国家级专业安全生产应急管理与协调指挥机构，负责本行业或领域安全生产应急管理工作，负责相应的国家专项应急预案的组织实施，调动指挥所属应急救援队伍和资源参加事故抢救。依托国家煤矿医疗救援中心建立国家安全生产应急救援医疗救护中心，负责组织协调全国安全生产应急救援医疗救护工作，组织协调全国有关专业医疗机构和各类事故灾难医疗救治专家进行应急救援医疗抢救。

各省（区、市）根据本地实际情况和安全生产应急管理救援工作的需要，建立有关专业安全生产应急管理与协调指挥机构，或依托国务院有关部门设立在本地的区域性专业应急管理与协调指挥机构，负责本地相关行业或领域安全生产应急管理与协调指挥工作。比如全国31个各省（区、市）建立安全生产应急救援指挥中心，并在本省（区、市）人民政府及其安全生产委员会领导下负责本地安全生产应急管理和事故灾难应急救援协调指挥工作。

市（地）级专业安全生产应急管理与协调指挥机构的建立，以及县级地方政府安全生产应急管理与协调指挥机构的设立，由各地根据实际情况确定。

各级安全生产监督管理部门、各级（各专业）安全生产应急管理与协调指挥机构设立事故灾难应急救援专家委员会（组），建立应急救援辅助平台，为应急管理和事故抢救指挥决策提供技术咨询和支持，形成安全生产应急救援指挥决策支持系统。

**3. 应急救援队伍**

根据行业特点，危险源分布情况，通过整合资源、调整区域布局、补充人员和装备，形成以企业应急救援力量为基础，以国家级区域专业应急救援基地和地方骨干专业队伍为中坚力量，以应急救援志愿者等社会救援力量为补充的安全生产应急救援队伍体系。

全国安全生产应急救援队伍体系主要包括四个方面。

一是国家级区域应急救援基地。依托国务院有关部门和有关大中型企业现有的专业应急救援队伍进行重点加强和完善，建立国家安全生产应急救援指挥中心管理指挥的国家级综合性区域应急救援基地、国家级专业应急救援指挥中心管理指挥的专业区域应急救援基地，保证特别重大安全生产事故灾难应急救援和实施跨省（区、市）应急救援的需要。

二是骨干专业应急救援队伍。根据有关行业或领域安全生产应急救援需要，依托有关企业现有的专业应急救援队伍进行加强、补充、提高，形成骨干救援队伍，保证本行业或领域重特大事故应急救援和跨地区实施救援的需要。

三是企业应急救援队伍。各类企业严格按照有关法律、法规的规定和标准建立专业应急救援队伍，或按规定与有关专业救援队伍签订救援服务协议，保证企业自救能力。鼓励企业应急救援队伍扩展专业领域，向周边企业和社会提供救援服务。企业应急救援队伍是安全生产应急救援队伍体系的基础。

四是社会救援力量。引导、鼓励、扶持社区建立由居民组成的应急救援组织和志愿者队伍，事故发生后能够立即开展自救、互救，协助专业救援队伍开展救援；鼓励各种社会组织建立应急救援队伍，按市场运作的方式参加安全生产应急救援，作为安全生产应急救援队伍的补充。

煤矿、危化、电力、特种设备等行业或领域的事故灾难，应充分发挥本行业（领域）的专家作用，依靠相关专业救援队伍、企业救援队伍和社会力量开展应急救援。通过事故所属专业安全生产应急管理与协调指挥机构同相关安全生产应急管理与协调指挥机构建立的业务和通信信息网络联系，调集相关专业队伍实施救援。

各级各类应急救援队伍承担所属企业（单位）及有关各类部门划定区域内的安全生产事故灾难及救援工作，并接受当地政府和上级安全生产及管理与协调指挥机构的协调指挥。

## 三、安全生产应急体系运行机制

按照统一指挥、分级响应、属地为主、公众动员的原则，建立应急管理、应急响应、经费保障和有关管理制度等关键性运行机制，形成统一指挥、反应灵敏、协调有序、运转高效的应急管理工作机制，以保证应急救援体系运转高效、应急反应灵敏、取得良好的抢救效果。

**1. 应急管理机制**

应急管理包括行政和业务管理、应急信息管理、应急预案管理、应急队伍管理和应急培训演练等。

（1）行政和业务管理

国家安全生产应急管理救援指挥中心在国务院安委会及国务院安委会办公室的领导下，负责综合监督管理全国安全生产应急救援工作。各地安全生产应急管理与协调指挥机构在当地政府的领导下负责综合监督管理本地安全生产应急救援工作。各专业安全生产应急管理与协调指挥机构在所属部门领导下负责监督管理本行业或领域的安全生产应急救援工作。各级、各专业安全生产应急管理与协调指挥机构的监督检查和指导，应急救援时服从上级应急管理与协调指挥机构的协调指挥。

各地、各专业安全生产应急管理与协调指挥机构、队伍的行政隶属关系和资产关系不变，行政业务由其设立部门（单位）负责管理。

（2）信息管理

为实现资源共享和及时有效的监督管理，国家安全生产应急救援指挥中心建立全国安全生产应急救援通信、信息网络，统一信息标准和数据平台，各级安全生产应急管理与协调指挥机构及安全生产应急救援队伍以规范的信息格式、内容、时间、渠道进行信息传递。

应急救援队伍的有关应急救援资源信息（人员、装备、预案、危险源监控情况及地理信息等）要及时上报所属安全生产应急管理与协调指挥机构，发生变化要及时更新；下级安全生产应急管理与协调指挥机构掌握的有关应急救援资源信息要报上一级安全生产应急管理与协调指挥机构；各省（区、市）安全生产应急救援指挥中心掌握的有关应急救援资源信息要报国家安全生产应急救援指挥中心，地方各级安全生产应急管理与协调指挥机构之间必须保证信息畅通，并保证各自所掌握的应急救援队伍、装备、物资、预案、专家、技术等信息要能够相互调阅，实现信息共享，为应急救援、监督检查和科学决策创造条件。

（3）预案管理

生产经营单位应当结合实际制定本单位的安全生产应急预案，各级人民政府及有关部门应针对本地、本部门的实际编制安全生产应急预案。生产经营单位的安全生产应急预案报当地的安全生产应急管理与协调指挥机构备案；各级政府所属部门制定的安全生产应急预案报同级政府安全生产应急管理与协调指挥机构，同时报上一级安全生产应急管理与协调指挥机构备案；各级地方政府的安全生产应急预案报上一级政府安全生产应急管理与协调指挥机构备案。各级、各专业安全生产应急管理与协调指挥机构对备案的安全生产应急预案进行审查，对预案的实施条件、可操作性、与相关预案的衔接、执行情况、维护和更新等情况进行监督检查。建立应急预案数据库，上级安全生产应急管理与协调指挥机构可以通过通信信息系统查阅。

各级安全生产应急管理与协调指挥机构负责按照有关应急预案组织实施应急救援。

（4）队伍管理

国家安全生产应急救援指挥中心和国务院有关部门的专业安全生产应急救援指挥中心制定行业或领域各类企业安全生产应急救援

队伍配备标准，对危险行业或领域的专业应急救援队伍实行资质管理，确保应急救援安全有效地进行。有关企业应当依法按照标准建立应急救援队伍，按标准配备装备，并负责所属应急队伍的行政、业务管理，接受当地政府安全生产应急管理与协调指挥机构的检查和指导。省级安全生产应急救援骨干队伍接受省级政府安全生产应急管理与协调指挥机构的检查和指导。国家级区域安全生产应急救援基地接受国家安全生产应急救援指挥中心和国务院有关部门的专业安全生产应急管理与协调指挥机构的检查和指导。

各级、各专业安全生产应急管理与协调指挥机构平时有计划地组织所属应急救援队伍在所负责的区域进行预防性检查和针对性的训练，保证应急救援队伍熟悉所负责的区域的安全生产环境和条件，既体现预防为主又为事故发生时开展救援做好准备，提高应急救援队伍的战斗力，保证应急救援顺利有效地进行。加强对企业的兼职救援队伍的培训，平时从事生产活动，在紧急状态下能够及时有效地施救，做到平战结合。

国家安全生产应急救援指挥中心、国家级专业安全生产应急救援指挥中心和省级安全生产应急救援指挥中心根据应急准备检查和应急救援演习的情况对各级、各类应急救援队伍的能力评估。

(5) 培训演练

国务院安委会办公室负责指导全国安全生产应急救援培训演练工作，有关部门负责组织，保证各级、各类应急救援队伍和人员及时更新知识、掌握实战技能，不断提高独立作战和协调配合能力。国家安全生产应急救援指挥中心和省级安全生产应急救援指挥中心每年至少组织一次联合演习；各专业安全生产应急管理与协调指挥机构应根据实际情况定期组织安全生产事故灾难应急救援演习；有关安全生产经营单位应根据自身特点，定期组织本单位的事故应急救援演习。演习结束后，演习组织单位应向上一级应急管理与协调指挥机构提交书面总结。

### 2. 应急响应机制

根据安全生产事故灾难的可控性、严重程度和影响范围，实行分级响应。安全生产应急救援接警响应程序下面章节具体介绍。

（1）报警与接警

重大以上安全生产事故发生后，企业首先组织实施救援，并按照分级响应的原则报企业上级单位、企业主管部门、当地政府有关部门、当地安全生产及救援指挥中心。

企业上级单位接到事故报警后，应利用企业内部应急资源开展应急救援工作，同时向企业主管部门、政府部门报告事故情况。

当地（市、区、县）政府有关部门接到报警后，应立即组织当地应急救援队伍开展事故救援工作，并立即向省级政府部门报告。省级政府部门接到特大安全生产事故的险情报告后，立即组织救援并上报国务院安委会办公室。

当地安全生产应急救援指挥中心（应急管理与协调指挥机构）接到报警后，应立即组织应急救援队伍开展事故救援工作，并立即向省级安全生产应急救援指挥中心报告，省级安全生产应急救援指挥中心接到特大安全生产事故的险情报告后，立即组织救援并上报国家安全生产应急救援指挥中心和有关国家级专业应急救援指挥中心。国家安全生产应急救援指挥中心和国家级专业应急救援指挥中心接到事故险情报告后通过智能接警系统立即响应，根据事故的性质、地点和规模，按照相关预案，通知相关的国家级专业应急救援指挥中心，相关专家和区域救援基地进入应急待命状态，开通信息网络系统，随时响应省级应急中心发出的支援请求，建立并开通与事故现场的通信联络与图像实时传送。

在报警与接警过程中，各级政府部门与各级安全生产应急救援指挥中心之间要及时进行沟通联系，共同参与事故应急救援活动，确保能够快速、高效、有序地控制事态，减少事故损失。

事故险情和支援请求的报告原则上按照分级响应的原则逐级上

报，必要时，在逐级上报的同时可以越级上报。

（2）协调指挥

应急救援指挥坚持条块结合、属地为主的原则，由地方政府负责，根据事故灾难的可控性、严重程度和影响范围按照预案由相应的地方政府组成现场应急救援指挥部，由地方政府负责人担任总指挥，统一指挥应急救援行动。

某一地区或某一专业领域可以独立完成的应急救援任务，地方或专业应急指挥机构负责组织；发生专业性较强的事故，由国家级专业应急救援指挥中心协同地方政府指挥，国家安全生产应急救援指挥中心跟踪事故的发展，协调有关资源配合救援；发生跨地区、跨领域的事故，国家安全生产应急救援指挥中心协调调度相关专业和地方应急管理与协调指挥机构调集相关专业应急救援队伍增援，现场的救援指挥仍由地方政府负责，有关专业应急救援指挥中心配合。

各级地方政府安全生产应急管理与协调指挥机构根据抢险救灾的需要有权调动辖区内的各类应急救援队伍实施救援，各类应急救援队伍必须服从指挥。需要调动辖区以外的应急救援队伍报请上级安全生产应急管理与协调指挥机构协调。按照分级响应的原则，省级安全生产应急救援指挥中心响应后，调集、指挥辖区内各类相关应急救援队伍和资源开展救援工作，同时报告国家安全生产应急救援指挥中心并随时报告事态发展情况；专业安全生产应急救援指挥中心响应后，调集、指挥本专业安全生产应急救援队伍和资源开展救援工作，同时报告国家安全生产应急救援指挥中心并随时报告事态发展情况；国家安全生产应急救援指挥中心接到报告后进入戒备状态，随时准备响应。根据应急救援的需要和请求，国家安全生产应急救援指挥中心协调指挥专业或地方安全生产应急救援指挥中心调集、指挥有关专业和有关地方的安全生产应急救援队伍和资源进行增援。

涉及范围广、影响特别大的事故灾难的应急救援，经国务院授权由国家安全生产应急救援指挥中心协调指挥，必要时，由国务院安委会领导组织协调指挥。需要部队支援时，通过国务院安委会协调解放军总参作战部和武警总部调集部队参与应急救援。

**3. 经费保障机制**

安全生产应急救援工作是重要的社会管理职能，属于公益性事业，关系到国家财产和人民生命安全，有关应急救援的经费按事权划分应由中央政府、地方政府、企业和社会保险共同承担。《国务院关于全面加强应急管理工作的意见》（国发［2006］24号）提出，根据《国家突发公共事件总体应急预案》的规定，各级财政部门要按照现行事权、财权划分原则，分级负担预防与处置突发生产安全事件中由政府负担的经费，并纳入本级财政年度预算，健全应急资金拨付制度，对规划布局内重大建设项目给予重点支持，建立健全国家、地方、企业、社会相结合的应急保障资金投入机制，适应应急队伍、装备、交通、通信、物资储备等方面建设与更新维护资金的要求。

国家安全生产应急救援指挥中心和煤矿、危险化学品、消防、民航、铁路、核工业、水上搜救、电力、特种设备、旅游、医疗救护等专业应急管理与协调指挥机构、事业单位的建设投资从国家正常基建或国债投资中解决，运行维护经费由中央财政负担，列入国家财政预算。

地方各级政府安全生产应急管理与协调指挥机构、事业单位的建设投资按照地方为主国家适当补助的原则解决，其运行维护经费由地方财政负担，列入地方财政预算。

建立企业安全生产的长效投入机制，企业依法设立的应急救援机构和队伍，其建设投资和运行维护经费原则上由企业自行解决；同时承担省内应急救援任务的队伍的建设投资和运行经费由省政府给予补助；同时承担跨省任务的区域应急救援队伍的建设投资和运行经费由中央财政给予补助。

积极探索应急救援社会化、市场化的途径，逐步建立和完善经费相关的法律法规，制定相关政策，鼓励企业应急救援队伍向社会提供有偿服务，鼓励社会力量通过市场化运作建立应急救援队伍，为应急救援服务，逐步探索和建立安全生产应急救援体系建设与运行的长效机制。

在应急救援过程中，各级应急管理与协调指挥机构调动应急救援队伍和物资必须依法给予补偿，资金来源首先由事故责任单位承担，参加保险的由保险机构依照有关规定承担；按照以上方法无法解决的，由当地政府财政部门视具体情况给予一定的补助。

政府采取强制性行为（如强制拆迁等）造成的伤害，政府应给予补偿，政府征用个人或集体财务（如交通工具、救援装备等），政府应给予补偿。无过错的危险事故造成的损害，按照国家有关规定予以适当补偿。

同时，要建立和完善相关管理制度：

在安委会联络员会议制度的基础上，建立国家安全生产应急救援联席会议制度，加强国务院各有关部门应急管理与协调指挥机构之间的沟通、协调与合作，提高应急管理和救援工作的水平和能力。

逐步建立和完善信息报告制度，应急准备检查制度，应急预案编制、审核和备案制度，应急救援演习制度，应急救援的分级响应制度，监督、检查和考核工作制度，应急救援队伍管理制度，应急救援培训制度，以及应急救援补偿制度等，明确有关部门、单位的职责，规范工作内容和程序，依法确立安全生产应急救援体系的运行机制，保障安全生产应急救援工作反应灵敏、运转高效。

# 第三节　国家煤矿应急救援体系

新中国成立以来，我国煤矿一直要求制定煤矿事故预防处理计划，针对煤矿易发生的各类事故，提出事故预防方案、措施和对事故出现的影响范围、程度的分析，事故处理的相关措施和人员的疏散计划。煤矿事故预防处理计划作为应急救援体系的执行部分，实际上，过去的煤矿事故预防处理计划承担了应急救援预案的几乎全部内容。“非典”发生时期，暴露出我国各级政府、各行业特别是卫生系统在应对突发事件、应急处理方面存在的薄弱环节。为吸取教训，从中央到地方各级政府、各行业都要求制定应对各类突发事件的应急救援预案。居于高风险行业之首的煤矿行业，生产条件十分差，工作场所又处于不断的变化和移动之中，水害、火灾、瓦斯事故、煤尘事故、有毒有害因素、顶板事故及自然灾害等不安全因素，严重威胁着煤矿的安全生产。近年来，重大事故频发也说明了我国煤矿事故灾害应急救援能力不足或重视不够，因此，针对这些重大事故隐患更急需制定相应的紧急措施和应急方法。

## 一、国家煤矿应急救援体系组成

国家煤矿应急救援体系的建设是根据国家安全生产监督管理总局关于建立国家煤矿应急救援体系的工作部署，依据《安全生产法》《矿山安全法》《煤矿安全监察条例》《煤矿安全规程》《矿山救护规程》及其他法律法规和煤矿应急救援工作发展的客观需要制定的。国家煤矿应急救援体系由煤矿应急救援管理系统、组织系统、技术支持系统、装备保障系统、通信信息系统五部分组成（图 2—2）。

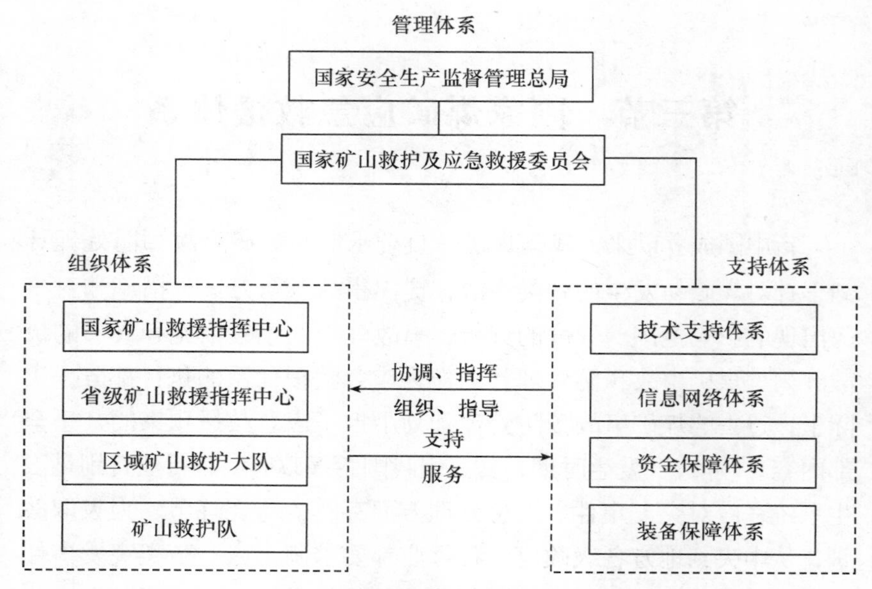


图 2—2　国家煤矿应急救援体系结构

### 1. 煤矿救护及应急救援管理系统

煤矿救护及应急救援是一项庞大、复杂的系统工程，需要建立强有力的全国性的管理系统。其主要职责是组织、领导和协调煤矿救护工作，履行煤矿救护队及其应急救援行业管理的职能。

煤矿救护及应急救援管理系统由国家应急救援指挥中心、国家安全生产监督管理总局煤矿救援指挥中心、省级煤矿救援指挥中心、地区级煤矿救援指挥部门及煤矿企业救援管理部门等组织（机构）组成。国家煤矿应急救援指挥中心是在国家安全生产监督管理总局（国家煤矿安全监察局）领导下的负责组织、指导和协调煤矿救护及应急救援工作的组织。国家煤矿救援指挥中心受国家安全生产监督管理总局的委托，负责组织、指导和协调全国煤矿救护及其应急救援工作。

### 2. 煤矿救护及应急救援组织系统

（1）国家安全生产监督管理总局矿山救援指挥中心

2003年2月26日国家安全生产监督管理总局成立矿山救援指挥中心，作为国家煤矿救护及应急救援委员会的办事机构，负责组织、指导和协调全国煤矿救护及应急救援的日常工作；组织研究制定有关煤矿救护的工作条例、技术规程、方针政策；组织开展煤矿救护队的质量审查认证，以及对安全产品的性能检测和生产厂家的质量保证体系的检查。煤矿救援指挥中心配备具有实战经验的指挥员，具备技术支持能力。当煤矿企业发生重大（复杂）灾变事故，需要得到国家煤矿救援指挥中心技术支持时，国家煤矿救援指挥中心可协调全国救援力量，协助制定救灾方案，提出技术意见，并对复杂事故的调查分析取证提供足够的技术支持。

（2）省级煤矿救援指挥中心

在省级煤矿安全监察机构或省负责煤矿安全监察的部门设立省级煤矿救援指挥中心，负责组织、指导和协调所辖区域的煤矿救护及其应急救援工作。省级煤矿救援指挥中心，业务上将接受国家安全生产监督管理总局煤矿救援指挥中心的领导。

（3）区域救护大队

区域救护大队是区域内煤矿抢险救灾技术支持中心。具有救护专家、救护设备和演习训练中心。为保证有较强的战斗力，区域救护大队必须拥有3个以上的救护中队，每个救护中队应不少于4个救护小队，每个救护小队至少由9名队员组成。区域救护大队的现有隶属关系不变、资金渠道不变，但要由国家安全生产监督管理总局利用技术改造资金对其进行重点装备，提高技术水平和作战能力。在煤矿重大（复杂）事故应急救援时，应接受国家安全生产监督管理总局煤矿救援指挥中心的协调和指挥。

区域救护大队的主要任务是：制定区域内的各矿救灾方案，协调使用大型救灾设备和出动人员，实施区域力量协调抢救；培训煤矿救护队指战员；参与煤矿救护队技术装备的开发和试验；必要时执行跨区域的应急救援任务。

（4）煤矿救护队

根据《煤矿安全规程》和《矿山救护规程》有关规定建设煤矿救护队。煤矿救护队的设置，应充分利用现有的救护资源，并根据周边各矿的分布特点，扩大救护服务范围。

**3. 煤矿救护及应急救援支持体系**

（1）技术支持体系

煤矿事故应急救援工作具有技术性强、难度大和情况复杂多变、处理困难等特点，一旦发生瓦斯爆炸或火灾等灾变事故时，往往需要动用数支煤矿救护队。为了保证煤矿应急救援的有效、顺利进行，必须建立事故应急救援技术支持体系。根据煤矿应急救援组织结构，它将分级设立、分级运作，统一指挥、统一协调，形成强有力的技术支撑。

国家安全生产监督管理总局煤矿救援指挥中心的救援技术支持系统包括国家煤矿应急救援专家组、国家安全生产监督管理总局煤矿救援技术研究实验中心、国家安全生产监督管理总局煤矿救援技术培训中心。主要是对重大恶性事故、极复杂灾变事故的救护及其应急救援提供技术支持和培训服务。

区域救护队是区域内煤矿应急救援技术支持中心。可依靠国家重点资金的支持，提高其技术水平、装备水平和作战能力，能够为本区域的应急救援提供支持和保障。必要时，在国家安全生产监督管理总局煤矿救援指挥中心的协调和指挥下，可提供跨区域应急救援技术支持和帮助。

（2）煤矿应急救援信息网络体系

在煤矿应急救援信息网络体系中，既包含煤矿应急救援工作信息网络，也包含为煤矿服务的信息系统。煤矿应急救援通信信息系统以国家安全生产监督管理总局中心网站为中心点，建立完善的煤矿抢险救灾通信信息网络，使国家安全生产监督管理总局煤矿救援指挥中心、省级煤矿救援指挥中心、各级煤矿救护队、各级煤矿医疗救护中心、各煤矿救援技术研究实验、培训中心、地区应急救援管理部门和煤矿企业之间，建立并保持畅通的通信信息通道，并逐步建立起救灾远程会商视频系统，提高快速应急反应能力。煤矿应急救援通信信息系统在国家安全生产监督管理总局煤矿救援指挥中心与国家安全生产监督管理总局调度中心之间实现电话、信息直通。

(3) 煤矿救护及其应急救援装备保障体系

为保证煤矿应急救援的及时、有效和具备对重大、复杂灾变事故的应急处理能力，必须建立煤矿救护及其应急救援装备保障体系，以形成全方位应急救援装备的支持和保障。国家安全生产监督管理总局煤矿救援指挥中心可以购置先进、具备较高技术含量的救灾装备与仪器仪表，储存在区域煤矿救援基地，为重大、复杂事故的抢险救灾提供可靠的装备支持。

区域救护大队除按煤矿救护大队进行装备外，还应根据区域内煤矿灾害特点，配备较先进和关键性的救灾技术装备，一旦发生较大灾变事故，即可迅速投入使用，并对其他煤矿救护队也能形成有力的装备支持。区域救护大队是我国煤矿应急救援的中坚力量，要不断加快加强技术装备和更新改造的步伐，要具有与其作用和地位相称的装备水平。

煤矿救护队还要根据有关要求进行应急救援设施、设备、材料的储备。如建立消防系统、消防材料库等。煤矿救护队还应对煤矿应急救援设备材料的储存、布局和状态设施有效监督。

(4) 煤矿救护及其应急救援资金保障体系

煤矿救护及其应急救援工作是重要的社会公益性事业，煤矿救护及其应急救援资金保障应实行国家、地方和煤矿企业共同保障的体制。

对于国家安全生产监督管理总局煤矿救援指挥中心和区域救护

大队的救灾技术装备、救灾通信和信息体系，国家安全生产监督管理总局将加大投入，以保证必要的应急救援能力，应对煤矿重大灾变事故。另外，对应急救援技术及装备的研制开发也将给予足够的资金支持，以促进煤矿应急救援的技术水平适应煤矿生产和社会发展的需要。地方政府对煤矿应急救援体系的建设和发展，也将提供必要的资金支持，保证所辖区域煤矿应急救援工作的有效进行。煤矿企业则应保证所属煤矿救护队的资金投入，继续实行煤矿应急救援的有偿服务，并逐步完善煤矿工伤保险体系。

### 二、煤矿应急救援的基本程序

当煤矿发生重大事故后，应以煤矿企业单位自救为主。煤矿企业在组织煤矿救护队和矿医院进行救灾的同时，上报上一级煤矿救援指挥中心（部门）及政府；救援能力不足以有效地抢险救灾时，立即向上级煤矿救援指挥中心提出救援请求；各级煤矿救援指挥中心（部门）对得到的事故报告要迅速向上一级汇报，并根据事故的大小、处理的难易程度等决定调用重点煤矿救护队或区域煤矿救援基地及煤矿医疗救护中心实施应急救援。省内发生重特大事故时，省内区域煤矿救援基地和重点煤矿救护队的调动由省级煤矿救援指挥中心负责；国家安全生产监督管理总局煤矿救援指挥中心负责调动区域煤矿救援队伍进行跨省区应急救援。

## 第四节　煤矿生产安全事故应急系统

煤矿企业生产安全事故应急救援体系，是一个以现场及其周边技术、设备系统为明显特征的微观管理层次，是与生产过程控制相结合的过程安全监控的实时控制、预警系统。煤矿企业生产安全事故应急救援系统由以下部分组成：

①应急救援机构。

②应急救援预案（或称计划）。

③应急训练和演习。

④应急救援行动。

⑤现场清除与计划。

⑥事故后的恢复和善后处理。

## 一、应急救援机构

事故发生时，应急救援计划是由应急救援机构来执行的。应急救援机构由应急救援指挥部和各专业队组成。应急救援体系如图 2—3 所示。

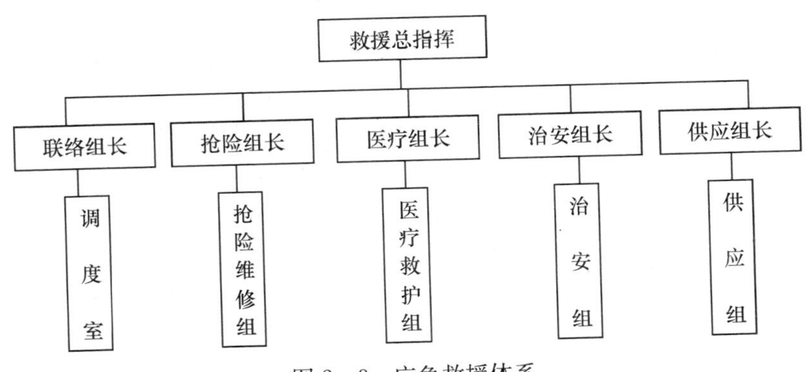


图 2—3　应急救援体系

### 1. 应急救援指挥部组成及职责

应急救援指挥部由总指挥和各专业组组长组成：

（1）指挥部总指挥由事故抢救负责人担任。

（2）指挥部成员应具备完成某项任务的能力、职责、权力。

### 2. 总指挥职责

（1）负责掌握意外灾害情况，根据灾害灾情的发展，调整应变措施。

（2）视灾害状况和可能演化的趋势，判断是否需要外部救援或资源。

（3）下达疏散与作业恢复指令。

（4）对外发表灾情状况，指挥和领导各下属急救专业队。

**3. 各专业组职责**

专业组是事故一旦发生，并组织迅速赶往事故现场，在现场第一线具体实施应急救援计划的人员。按任务可划分为：

（1）调度室

确保各专业队与指挥部之间广播和通信的畅通；通过通信系统指导事故现场人员的疏散。

（2）抢险维修组

该队员应熟悉事故现场、地形、设备、工艺。在具有防护措施的前提下，第一时间对事故发生地点的人员实施抢救，防止事故扩大，降低事故损失。

（3）医疗救护组

现场营救、转移事故中或急救中的受伤人员，可以由医院力量组成。

（4）治安组

维持治安秩序，对进出灾区的人员及车辆进行管制。

（5）供应组

为救援行动提供物质、运输保证。

## 二、应急救援预案

应急救援预案主要包括以下主要功能和要素：

（1）对可能发生的事故进行预测和评价。

（2）人力、物资等资源的确定与准备。

（3）明确应急组织和人员的职责。

(4) 设计行动战术和程序。

(5) 制定训练和演习计划。

(6) 制定专项应急计划。

(7) 制定事故后清除和恢复程序。

煤矿事故预防处理计划是煤矿灾害应急救援预案的井下具体应对事故的部分，即应急救援预案中的专项应急计划。

## 三、应急训练和演习

应急训练和演习的目的是：

(1) 测试预案和程序的充分程度。

(2) 测试紧急装置设备及物质资源供应。

(3) 提高现场内、外的应急部门的协调能力。

(4) 判别和改正预案的缺陷。

(5) 提高公众应急意识。

煤矿事故应急救援体系一直是煤矿安全生产的薄弱环节，而应急训练和演习一直是煤矿事故应急救援体系的薄弱环节。这不仅是因为作为高危行业的煤矿对灾害事故防治应接不暇，而且是因为煤矿应急救援训练和演习远比地面进行应急训练和演习复杂。试设想，为使演习更接近事故发生的环境，在未能对井下矿工预告是进行演习的情况下，通知井下某处发生瓦斯爆炸，人员撤退。往往有人在慌乱的情况下，10 m 高的上山也敢滚下来，从而造成事故演习发生人员伤亡。因此，进行煤矿应急救援训练和演习须谨慎，需要首先进行决策和救援演习，预先告知是进行演习的情况，然后，逐步使训练和演习的内容和范围扩大，逐步使演习更接近事故发生的环境。

## 四、应急救援行动

应急救援行动必须调动人力资源、相关物质与设备及个人防护装备等。应急行动首先是确定现场对策，现场初始评估，分析事故性质、状态、可能的损失和影响范围；应用环境监测系统、气体检测、取样分析和目测等手段，完成对事故相关信息，灾区环境进行监测和检查，分析灾区状态，进行救灾决策及其实施。

然后，建立现场工作区域，确定地面、井下救灾基地和重点保护区域，救护队在自身安全的条件下进行侦察和救援，并通知事故影响范围的人员撤退。应注意，对于发生的各种灾害，除简单的初发生的外因火灾应由现场人员直接灭火外，其事故影响范围的人员均应及时撤退。所谓简单的外因火灾即非采空区、巷道冒落区自燃引起的外因火灾，因为它们可能诱发瓦斯爆炸。初发生的外因火灾火势小，往往并无爆炸可能。若刚出现简单的外因火灾就跑，等救护队几十分钟后下井灭火，火灾很可能发展到难以收拾的地步。但扑救初期发生的外因火灾，仍必须预先做好物资准备（防灭火器材——水、沙、灭火器）、组织准备（现场班组长、骨干组织救灾）、技术准备（防灭火知识、技术、技能和救灾安全教育），通过安全培训使职工熟悉工作区域的事故处理计划和自己的职责。

最后，还要考虑应急行动的优先原则。一定注意，煤矿救灾时，尽管各条救灾措施是正确的，但执行顺序不同，也会带来灾难性的后果。矿井火灾发生时，风流控制（如反风）、直接灭火、人员撤退、救护队员侦察往往均需同时进行，但是否反风必须尽早做出，否则对人员撤退、救护队员侦察的行进方向有重要影响。

当然，井下灾区环境往往十分恶劣危险，救护队员心理、生理压力大，体力消耗大，必须配备有充足的增援梯队进行替换并能够成功应付突发事件。

# 第三章 煤矿应急预案编制

## 第一节 生产安全事故应急预案

### 一、应急预案概述

#### 1. 应急预案的基本概念

应急预案又称应急计划，是针对可能的重大事故（件）或灾害，为保证迅速、有序、有效地开展应急与救援行动，降低事故损失而预先制定的有关计划或方案。它是在辨识和评估潜在的重大危险、事故类型、发生的可能性及发生过程、事故后果及影响严重程度的基础上，对应急机构职责、人员、技术、装备、设施（备）、物资、救援行动及其指挥与协调等方面预先做出的具体安排。应急预案明确了在突发事故发生之前、发生过程中及刚刚结束之后，谁负责做什么，何时做，以及相应的策略和资源准备等。

#### 2. 应急预案的重要作用和意义

编制重大事故应急预案是应急救援准备工作的核心内容，是及时、有序、有效地开展应急救援工作的重要保障。应急预案在应急救援中的重要作用和地位体现在：

（1）应急预案确定了应急救援的范围和体系，使应急准备和应急管理不再是无据可依、无章可循。尤其是培训和演习，它们依赖于应急预案：培训可以让应急响应人员熟悉自己的责任，具备完成指定任务所需的相应技能；演习可以检验预案和行动程序，并评估应急人员的技能和整体协调性。

（2）制定应急预案有利于做出及时的应急响应，降低事故后果。应急行动对时间要求十分敏感，不允许有任何拖延。应急预案预先明确了应急各方的职责和响应程序，在应急力量和应急资源等方面做了大量准备，可以指导应急救援迅速、高效、有序地开展，将事故的人员伤亡、财产损失和环境破坏降到最低限度。此外，如果预先制定了预案，对重大事故发生后必须快速解决的一些应急恢复问题，也就很容易解决。

（3）成为城市或生产经营单位应对各种突发重大事故的响应基础。通过编制城市或生产经营单位的综合应急预案，可保证应急预案具有足够的灵活性，对那些事先无法预料到的突发事件或事故，也可以起到基本的应急指导作用，成为保证城市或生产经营单位应急救援的“底线”。在此基础上，城市或生产经营单位可以针对特定危害，编制专项应急预案，有针对性地制定应急措施，进行专项应急准备和演习。

（4）当发生超过城市应急能力的重大事故时，便于与省级、国家级应急部门的协调。当城市或生产经营单位发生超过本单位应急能力的重大事故时，便于向临近单位或政府应急部门求助，以及政府应急部门之间的协调。

（5）有利于提高全社会的风险防范意识。应急预案的编制，实际上是辨识城市或生产经营单位重大风险和防御决策的过程，强调各方的共同参与，因此，预案的编制、评审及发布和宣传，有利于社会各方了解可能面临的重大风险及其相应的应急措施，有利于促进社会各方提高风险防范意识和能力。

## 二、应急预案的分级

应急救援体系的建立，要求事故应急处理预案分级编写。所谓应急预案的分级，指系统总目标的预案包含各子系统分目标的预案，而子系统分目标的预案包含单元目标的预案。各层目标预案编写提纲一致，具有相对独立性和完整性，又与上下层目标相互衔接，是大环套小环的结构。重大事故应急预案由企业（现场）应急预案和现场外政府的应急预案组成。现场应急预案由企事业负责，场外应急预案由各级政府主管部门负责。现场应急预案和场外应急预案应分别制定，但应协调一致。根据可能的事故后果的影响范围、地点及应急方式，我国事故应急救援体系通常将事故应急预案分为如下四种级别。

（1）Ⅰ级（企业级）应急预案

这类事故的有害影响范围局限在一个单位（如某个工厂、火车站、仓库、农场、煤气或石油管道加压站等）的界区之内，并且能够被现场的操作者遏制和控制在该区域内。这类事故可能需要投入整个单位的力量来控制，其影响范围不会扩大到公共区。

（2）Ⅱ级（县、市/社区级）应急预案

这类事故所涉及的影响范围可扩大到公共区（社区），但能够被该县（市、区）或社区的救援力量，加上发生事故的工厂或工业部门的救援力量所控制。或是发生在两个县或县级市管辖区边界上的事故。

（3）Ⅲ级（省级）应急预案

对可能发生的特大火灾、爆炸、毒物泄漏事故，特大危险品运输事故及属省级特大事故隐患、省级重大危险源应建立省级事故应急救援预案。它可能是一种规模极大的灾难性事故，也可能是一种需要用事故发生的城市或地区所没有的特殊技术和设备进行处理的特殊事故。这类事故需用全省范围内的救援力量来控制。

（4）Ⅳ级（国家级）应急预案

对事故后果超过省、直辖市、自治区边界及列为国家级事故隐患、重大危险源的设施或场所，应制定国家级应急预案。

企业一旦发生事故，就应立即实施应急程序，如需上级援助，要同时报告当地县（市）或社区政府事故应急主管部门，根据预测的事故影响程度和范围，需投入的应急人力、物力和财力逐级启动事故应急预案。

在任何情况下，都要对事故的发展和控制进行连续不断的监测，并将信息传送到县、市级指挥中心。县、市级事故应急指挥中心根据事故严重程度将核实后的信息逐级报送上级应急管理机构。县、市级事故应急指挥中心可以向科研单位、地（市）或全国专家、数据库和实验室等就事故所涉及的危险物质的性能、事故控制措施等方面征求专家意见。

企业或县、市级事故应急指挥中心应不断向上级机构报告事故控制的进展情况、所做出的决定和采取的行动。后者对此进行审查、批准或提出替代对策。将事故应急处理移交上一级指挥中心的决定，应由县、市级指挥中心和上级政府机构共同决定。做出这种决定（升级）的依据是事故的规模、社区和企业能够提供的应急资源及事故发生的地点是否使社区范围外的地方处于风险之中。

政府主管部门应建立适合的报警系统，且有一个标准程序，将事故发生、发展信息传递给相应级别的应急指挥中心，根据对事故状况的评价，启动相应级别的应急预案。

## 三、应急预案的分类

预案的分类有多种方法，除按行政区域，根据可能发生的煤矿事故造成的事故后果的影响范围、地点及应急方式，将应急预案分为 4 种级别外，还可按时间特征，划分为常备预案和临时预案（如偶尔组织的大型集会等）；按事故灾害或紧急情况的类型，划分为自然灾害、事故灾难、突发公共卫生事件和突发社会安全事件等预案。而最适合组织预案文件体系的分类方法，是按预案的适用对象范围进行分类，可将应急预案划分为综合预案、专项预案和现场预案，以保证预案文件体系的层次清晰和开放性。

**1. 综合预案**

综合预案是整体预案，从总体上阐述预案的应急方针、政策、应急组织结构及相应的职责、应急行动的总体思路等。通过综合预案可以很清晰地了解应急体系及预案的文件体系，更重要的是可以作为应急救援工作的基础和“底线”，即使对那些没有预料的紧急情况，也能起到一般的应急指导作用。

**2. 专项预案**

专项预案是针对某种具体的、特定类型的紧急情况，例如危险物质泄漏、火灾、某一自然灾害等的应急而制定的。

专项预案是在综合预案的基础上，充分考虑了某特定危险的特点，对应急的形势、组织机构、应急活动等进行更具体的阐述，具有较强的针对性。

**3. 现场预案**

现场预案是在专项预案的基础上，根据具体情况需要而编制的。它是针对特定的具体场所（即以现场为目标），通常是该类型事故风险较大的场所或重要防护区域等所制定的预案。例如，危险化学品事故专项预案下编制的某重大危险源的场外应急预案，防洪专项预案下的某洪区的防洪预案等。现场应急预案的特点是针对某一具体现场的特殊危险及周边环境情况，在详细分析的基础上，对应急救援中的各个方面做出具体、周密而细致的安排，因而现场预案具有更强的针对性和对现场具体救援活动的指导性。

一个矿区通常在生产过程中都会存在多种潜在事故类型，例如，火灾、水灾、瓦斯爆炸、煤尘爆炸、瓦斯突出、顶板冒落、冲击地压等，各类事故发生的概率和造成的事故损失相差较大，因此，在编制应急预案时必须进行合理策划，做到重点突出，反映出主要重大事故风险，并合理地组织各类预案，避免预案之间相互孤立、交叉和矛盾。

## 四、应急预案的基本结构

综合预案、专项预案和现场预案由于各自所处的层次和适用的范围不同，其内容在详略程度和侧重点上会有所不同，但都可以采用相似的基本结构。目前普遍采用基于应急任务或功能的“1 + 4”预案编制结构，即一个基本预案加上应急功能设置、特殊风险预案、标准操作程序和支持附件构成，以保证各种类型预案之间的协调性和一致性。

### 1. 基本预案

基本预案是对应急预案的总体描述。主要阐述应急预案所要解决的紧急情况，应急的组织体系、方针，应急资源，应急的总体思路，并明确各应急组织在应急准备和应急行动中的职责，以及应急预案的演练和管理等规定。

### 2. 应急功能设置

应急功能是对在各类重大事故应急救援中通常都要采取的一系列基本的应急行动和任务而编写的计划，如指挥和控制、警报、通信、人群疏散、人群安置、医疗等。它着眼于对突发事故响应时所要实施的紧急任务。由于应急功能是围绕应急行动的，因此它们的主要对象是那些任务执行机构。针对每一应急功能，应明确其针对的形势、目标、负责机构和支持机构、任务要求、应急准备和操作程序等。应急预案中包含的功能设置的数量和类型因地方差异会有所不同，主要取决于所针对的潜在重大事故危险类型，以及应急组织方式和运行机制等具体情况。

尽管各类重大事故的起因各异，但其后果和影响却是大同小异。例如，地震、洪灾和飓风等都可能迫使人群离开家园，都需要实施“人群安置与救济”，而围绕这一任务或功能，可以基于城市共同的资源在综合预案上制定共性的计划，而在专项预案中针对每种具体的不同类型灾害，可根据其爆发速度、持续时间、袭击范围和强度等特点，只需对该项计划做一些小的调整。同样，对其他的应急任务也是相似的情况。而关键是要找出和明确应急救援过程中所要完成的各种应急任务或功能，并明确其有关的应急组织，确保都能完成所承担的应急任务。为直观地描述应急功能与相关应急机构的关系，可采用应急功能矩阵表（见表3—1）。

表3—1　　应急功能矩阵

| 应急机构<br>应急功能 | 消防部门 | 公安部门 | 医疗部门 | 应急中心 | 新闻办 | 广播电视 | … |
|---|---|---|---|---|---|---|---|
| 警报 | S | S | | R | | S | |
| 疏散 | S | R | S | S | | S | |
| 消防与抢险 | R | S | | S | | | |
| … | | | | | | | |

注：R——负责机构；S——支持机构。

### 3. 特殊风险预案

特殊风险预案是基于对潜在重大事故风险辨识、评价和分析的基础上，针对每一种类型的可能重大事故风险，明确其相应的主要负责部门、有关支持部门及其相应的职责，并为该类专项预案的制定提出特殊要求和指导。

### 4. 标准操作程序

由于在应急预案中没有给出每个任务的实施细节，各个应急部门必须制定相应的标准操作程序，为组织或个人提供履行应急预案中规定的职责和任务时所需的详细指导。标准操作程序应保证与应急预案的协调和一致性，其中重要的标准操作程序可附在应急预案之后或以适当的方式引用。

### 5. 支持附件

主要包括应急救援的有关支持保障系统的描述及有关的附图表。

## 五、应急预案的基本内容

应急预案是针对可能发生的重大事故所需的应急准备和应急行动而制定的指导性文件，其核心内容应包括：

（1）对紧急情况或事故灾害及其后果的预测、辨识、评价。

（2）应急各方的职责分配。

（3）应急救援行动的指挥与协调。

（4）应急救援中可用的人员、设备、设施、物资、经费保障和其他资源，包括社会和外部援助资源等。

（5）在紧急情况或事故灾害发生时保护生命、财产和环境安全的措施。

（6）现场恢复。

（7）其他，如应急培训和演练规定、法律法规要求、预案的管理等。

按照“1＋4”的预案基本结构，预案各部分的基本内容如下。

**1. 基本预案**

（1）预案发布令

城市最高行政官员应为预案签署发布令，援引国家、省和城市相应法律和规章的授权规定，宣布应急预案生效。其目的是要明确实施应急预案的合法授权，保证应急预案的权威性。

在预案发布令中，城市最高行政官员应表明其对应急管理和应急救援工作的支持，并督促各应急机构完善内部应急响应机制，制定标准操作程序，积极参与培训、演习和预案的编制与更新等。

（2）应急机构署名页

在应急预案中，也可以包括各有关应急机构及其负责人的署名页，表明各应急机构对应急预案编制的参与和认同，以及对履行所承担职责的承诺。

（3）术语与定义

对应急预案中需要明确的术语和定义进行解释和说明。

(4) 相关法律法规

列出国家和地方相关的法律法规依据。

(5) 方针与原则

列出应急预案所针对的事故(或紧急情况)类型、适用的范围和救援的任务,以及应急管理和应急救援的方针和指导原则。

方针与原则应体现应急救援的优先原则,如保护人员安全优先,防止和控制事故蔓延优先,保护环境优先。此外,方针与原则还应体现事故损失控制、预防为主、常备不懈、高效协调及持续改进的思想。

(6) 危险分析与环境综述

列出所面临的潜在重大危险及后果预测,给出当地的地理、气象、人文等有关环境信息,具体包括:

1) 主要危险物质的种类、数量及特性,包括数量大或使用范围广的危险物质。

2) 重大危险源的数量及分布。

3) 危险物质运输路线分布。

4) 潜在的重大事故、灾害类型、影响区域及后果。

5) 区域分布、人口、地形地貌、河流、交通干道等。

6) 常年季节性的风向、风速、气温、雨量及其他可能对事故造成影响的气象条件。

7) 重要保护目标的划分与分布情况。

8) 可能影响应急救援工作的不利条件。

(7) 应急资源

该部分应对应急资源调度和经费保障等方面做出相应的规定,并列出可用的应急资源情况及其来源的总体情况,包括:

1) 应急力量的组成,各自的应急能力及分布情况。

2) 各种重要应急设施(备)、物资的准备情况。

3）上级救援机构或相邻城市可用的应急资源。

（8）机构与职责

应列出在重大事故应急救援中承担相关职责的所有应急机构和部门、负责人及其后补负责人、联络方式，明确其在应急准备、应急响应和应急恢复各个阶段中的职责，包括：

1）城市最高行政官员。

2）应急管理部门。

3）应急中心。

4）应急救援专家组。

5）医疗救治（通常由医院、急救中心和军队医院组成）。

6）消防与抢险（公安消防队、专业抢险队、有关企业的工程抢险队、军队防化兵和工程兵等）。

7）监测组织（环保监测站、卫生防疫站、军队防化侦察分队、气象部门等）。

8）公众疏散组织（公安、交通、民政部门和街道居委会等）。

9）警戒与治安组织（公安部门、武警、军队、联防等）。

10）洗消去污组织（公安消防队伍、环卫队伍、军队防化部队等）。

11）后勤保障组织（物资供应、交通、通信、民政、公共基础设施等）。

12）其他，如新闻媒体、广播电视、学校、重大危险源单位等。

（9）教育、培训与演练

为全面提高应急能力，应对公众教育、应急训练和演习做出相应的规定，包括其内容、计划、组织与准备、效果评估等。

公众教育的基本内容包括：潜在的重大危险、事故的性质与应急特点，事故警报与通知的规定，基本防护知识，撤离的组织、方法和程序，在污染区行动时必须遵守的规则，自救与互救的基本常识，简易消毒方法等。应急训练包括基础培训和训练、专业训练、战术训练及其他训练等。应急演习的具体形式既可以是桌面演习，也可以是实战模拟演习。应急演习的规模，既可以为单项演习，也可以为组合演习或全面演习。

(10) 与其他应急预案的关系

明确本预案与其他应急预案的关系，列出本预案可能用到的其他应急预案。

(11) 互助协议

列出与相邻城市签署的正式互助协议，明确可提供的互助力量(消防、医疗、检测)、物资、设备、技术等。

(12) 预案管理

应急预案的管理应明确：

1) 负责组织应急预案的制定、修改及更新的部门。

2) 预案的审查、批准程序。

3) 建立预案的修改记录，包括修改日期、已修改的页码、签名等。

4) 建立预案的发放登记记录，及时对已发放的预案进行更新。

5) 对应急预案定期和不定期地进行评审，保证持续改进的规定。

**2. 应急功能设置**

(1) 接警与通知

该部分应明确24小时报警（应急响应）电话，建立接警和事故通报程序，列出所有通知对象的电话清单或无线频率，将事故信息及时通报给当地及上级有关应急部门、政府机构、相邻地区等。为能做到迅速准确地问清事故的有关信息，应预先设计事故基本信息表，以快速获取所需的事故信息。

(2) 指挥与控制

指挥与控制是保证高效和有条不紊地开展事故现场应急救援工作的一个关键，在该功能中应明确：

1）现场指挥部的设立程序。

2）现场指挥官的职责和权利。

3）指挥系统（谁指挥谁、谁与谁配合、谁向谁报告）。

4）启动应急中心的标准。

5）现场指挥部与各应急队伍之间通信网络的建立。

6）启用现场外应急队伍的方法。

7）事态评估与应急决策的程序。

8）现场指挥与应急中心指挥的衔接。

9）针对事故不同的严重程度而定的响应级别。

（3）警报和紧急公告

该部分包括在发生紧急事故时，如何向公众发出警报，包括什么时候、谁有权决定启动警报系统，各种警报信号的不同含义，警报系统的协调使用，可使用的警报装置的类型和位置，以及警报装置覆盖的地理区域。如果可能，应指定备用措施。在警报器发出警报的同时，应进行应急广播，向公众发出紧急公告，传递紧急事故的有关重要信息（例如，对健康存在的危险、自我保护措施、如何实施疏散、使用的疏散路线和庇护所等）。

在建立、实施警报和紧急公告功能时，还应考虑下列情况：

1）警报盲区。

2）有特殊需要的团体，例如，听力障碍、语言不通的外籍人员或特殊场所（如学校、医院、疗养院、精神病院、监狱或拘禁场所等）。

3）可能遭受事故影响的城市相邻地区。

4）除了利用警报器和紧急广播系统外，还应考虑组织消防、公安部门和志愿组织使用机动方式（如广播车）来辅助发出警报和紧急公告。

（4）通信

应急通信是有效开展应急响应的基本保证。指挥现场的应急行动，及时地把现场的应急状况向外部通报，接受外部的应急指示及向外部应急组织求援等，都离不开通信保障。该部分应当说明应急中心、事故现场指挥及应急队伍、各应急部门的控制中心、人员安置场所、广播电台或电视台、医院和救护车派遣点、城市相邻的地区和军事设施、省及国家有关政府部门和应急机构之间的通信方法，说明主要通信系统的来源、使用、维护及应急通信需求的详细情况等。充分考虑紧急状态的通信能力和保障，建立备用的通信系统，保证全天候持续工作的通信能力。

在应急行动中，所有直接参与或者支持应急行动的组织（消防部门、公安部门、公共建设工程、应急中心、应急管理机构、公共信息及医疗卫生部门等）都应当：

1）维护自己的通信设备和尽量维持应急通信系统，按照已建立的程序与在现场行动的组织成员之间通信，并保持与应急中心的通信联络。

2）准备和必要时启动备用的通信系统，使用移动电话或者便携式无线通信设备，提供与应急中心和人员安置场所之间的备用通信连接。

3）恢复正常运转时或者保管前对所有通信设备进行清洁、维修和维护。

不同的应急组织有可能使用不同的无线频率，为保证所有组织之间在应急过程中准确和有效地通信，应当做出特别规定。可以考虑建立统一的“现场”指挥无线频率，至少应该在执行类似功能的组织之间建立一个无线通信网络。在易燃易爆危险物质事故中，所有的通信设备都必须保证本质安全。

（5）事态监测与评估

事态监测与评估在应急决策中起着重要作用。消防和抢险、应急人员的安全、公众的就地保护措施或疏散、食物和水源的使用、污染物的围堵收容和清消、人群的返回等，都取决于对事故性质、事态发展的准确监测和评估。可能的监测活动包括：事故规模及影响边界，气象条件，对食物、饮用水、卫生及水体、土壤、农作物等的污染，可能的二次反应有害物，爆炸危险性和受损建筑垮塌危险性及污染物质滞留区等。

在该应急功能中应明确：

1）由谁来负责监测与评估活动。

2）监测仪器设备及现场监测方法的准备。

3）实验室化验及检验支持。

4）监测点的设置及现场工作的报告程序。

（6）警戒与治安

为保障现场应急救援工作的顺利开展，在事故现场周围建立警戒区域，实施交通管制，维护现场治安秩序是十分必要的，其目的是防止与救援无关人员进入事故现场，保障救援队伍、物资运输和人群疏散等的交通畅通，并避免发生不必要的伤亡。

该项功能的具体职责包括：

1）实施交通管制，对危害区外围的交通路口实施定向、定时封锁，严格控制进出事故现场的人员，避免出现意外的人员伤亡或引起现场的混乱。

2）指挥危害区域内人员的撤离，保障车辆的顺利通行；指引不熟悉地形和道路情况的应急车辆进入现场，及时疏通交通堵塞。

3）维护撤离区和人员安置区场所的社会治安工作，保卫撤离区内和各封锁路口附近的重要目标和财产安全，打击各种犯罪分子。

4）除上述职责以外，警戒人员还应该协助发出警报、现场紧急疏散、人员清点、传达紧急信息及事故调查等。

在该部分应明确承担上述职责的组织及其指挥系统。该职责一般由公安、交通、武警部门负责，必要时，可启用联防、驻军和志愿人员。对已确认的可能重大事故地点，应标明周围应驻守的控制点。

由于警戒和治安人员往往是第一个到达现场，对危险物质事故必须规定有关培训安排，并列出警戒人员有关个体防护的准备。

(7) 人群疏散

当事故现场的周围地区人群的生命可能受到威胁时，将受威胁人群及时疏散到安全区域，是减少事故人员伤亡的一个关键。事故的大小、强度、爆发速度、持续时间及其后果严重程度是实施人群疏散应予考虑的一个重要因素，它将决定撤退人群的数量、疏散的可用时间及确保安全的疏散距离。人群疏散可由公安、民政部门和街道居民组织抽调力量负责具体实施，必要时可吸收工厂、学校中的骨干力量或组织志愿者参加。对人群疏散所做的规定和准备应包括：

1) 针对不同的疏散规模或现场紧急情况的严重程度，明确谁有权发布疏散命令。

2) 明确进行人群疏散时可能出现的紧急情况和通知疏散的方法。

3) 对预防性疏散的规定。

4) 列举有可能需要疏散的地区（例如，位于生产、使用、运输、存储危险物品企业周边地区等）。

5) 对疏散人群数量、所需的警报时间、疏散时间及可用的疏散时间的估测。

6) 对疏散路线、交通工具、搭乘点、目的地（及其备用方案）所做的安排，以及保证人群疏散路线的道路、桥梁等的结构安全。

7) 对疏散人群的交通控制、引导、自身防护措施、治安、避免恐慌情绪所做的安排。

8) 对需要特殊援助的群体（如老人、残疾人、学校、幼儿园、医院、疗养院、监管所等）的考虑。

9) 对人群疏散进行跟踪、记录（疏散通知、疏散数量、在人员安置场所的疏散人数等）。

（8）人群安置

为妥善照顾已疏散人群，政府应负责为已疏散人群提供安全的临时安置场所，并保障其基本生活需求。该部分应明确：

1）什么条件下需要启用临时安置场所，谁有权启用。

2）可用的临时安置场所。

3）为临时安置场所的食品、水、电和通信保障所做的安排。

4）对需要安置的人群进行数量估测。

5）对临时安置场所的治安、医疗、消毒和卫生服务安排，考虑需要特殊照顾的人群。

6）保证每个临时安置场所都有清晰、可识别的标志和符号。

（9）医疗与卫生

及时有效的现场急救和转送医院治疗，是减少事故现场人员伤亡的关键。在该功能中应明确针对城市可能发生的重大事故，为现场急救、伤员运送、治疗及卫生监测等所做的准备和安排，包括：

1）可用的急救资源列表，如急救中心、救护车和急救人员。

2）应急救援急救医院、职业中毒治疗医院及烧伤等专科医院的列表。

3）抢救药品、医疗器械和消毒、解毒药品等的城市内、外来源和供给。

4）建立与上级及外部医疗机构的联系与协调，包括危险化学品应急抢救中心、毒物控制中心等。

5）为急救人员和医疗人员提供以化学危险为主要内容的培训安排和要求，保证他们能掌握正确的消毒和治疗方法，以及个人安全措施。

6）指定医疗指挥官，建立现场急救和医疗服务的统一指挥、协调系统。

7）建立现场急救站，设置明显的标志，并保证现场急救站的位置安全，以及空间、水、电等基本条件保障。

8）建立对受伤人员进行分类急救、运送和转送医院的标准操作程序，建立受伤人员治疗跟踪卡，保证受伤人员都能得到正确及时的救治，并合理转送到相应的医院。

9）记录、汇总伤亡情况，通过公共信息机构向新闻媒体发布受伤、死亡人数等信息，并协助公共信息机构满足公众查询的需要。

10）建立和维护现场通信，保持与应急中心、现场总指挥的通信联络，与其他应急队伍（消防、公安、公共工程等）的协调工作。

11）保障现场急救和医疗人员个人安全的措施。

12）卫生（水、食物污染等）和传染病源监测机构（如卫生防疫站、疾控中心、检疫机构、预防医学中心等）及可用的监测设备和检测方案。

（10）公共关系

该应急功能负责与公众和新闻媒体的沟通，向公众和社会发布准确的事故信息、公布人员伤亡情况，以及政府已采取的措施。在该应急功能中，应明确：

1）信息发布的审核和批准程序，保证发布信息的统一性，避免出现矛盾信息。

2）指定新闻发言人，适时举行新闻发布会，准确发布事故信息，澄清事故传言。

3）为公众了解事故信息、防护措施及查找亲人下落等有关咨询提供服务安排。

4）接待、安抚死者及受伤人员的家属。

（11）应急人员安全

应急响应人员自身的安全是生产安全事故应急预案应予考虑的一个重要因素，在该应急功能中应明确保护应急人员安全所做的准备和规定，包括：

1）应急队伍或应急人员进入和离开现场的程序，包括向现场总指挥报告、有关培训确认等。

2）根据事故的性质，确定个体防护等级，合理配备个人防护设备，并在收集到事故现场更多的信息后，应重新评估所需的个体防护设备，以确保选配和使用的是正确的个体防护设备。

3）应急人员的消毒设施及程序。

4）对应急人员有关保证自身安全的培训安排，包括各种情况下的自救和互救措施，正确使用个体防护设备等。

（12）消防和抢险

消防与抢险在生产安全事故应急救援中对控制事态的发展起着决定性的作用，承担着火灾扑救、救人、破拆、堵漏、重要物资转移与疏散等重要职责。该应急功能应明确：

1）消防、事故责任单位、市政及建设部门、当地驻军（包括防化部队）等的职责与任务。

2）消防与抢险的指挥与协调。

3）消防及抢险的力量情况。

4）可能的重大事故地点的供水及灭火系统情况。

5）针对可能事故的性质，拟采取的扑救和抢险对策与方案。

6）消防车、供水方案或灭火剂的准备。

7）堵漏设备、器材及堵漏程序和方案。

8）破拆、起重（吊）、推土等大型设备的准备。

（13）现场恢复

现场恢复是指将事故现场恢复至相对稳定、安全的基本状态。应避免现场恢复过程中可能存在的危险，并为长期恢复提供指导和建议。该部分应包括：

1）撤点、撤离和交接程序。

2）宣布应急结束的程序。

3）重新进入和人群返回的程序。

4）现场清理和公共设施的基本恢复。

5）受影响区域的连续检测。

6）事故调查与后果评价。

3. **特殊风险预案**

针对每一种类型的可能重大事故风险，明确其相应的主要负责部门、有关支持部门及其相应的职责，并对有关的应急功能根据其特殊性提出相应的要求和指导，或增加应急功能。根据具体情况，可能要做出规定的特殊风险有：

（1）地震

（2）洪水

（3）火灾

（4）暴风雪

（5）台风

（6）长时间停电

（7）空难

（8）重大建筑工程事故

（9）重大交通事故

（10）危险化学品事故

（11）核泄漏事故

（12）中毒事故

（13）突发公共卫生事件

（14）社会突发事件

（15）极度高温或低温天气

（16）大型社会活动

（17）其他，如敏感日期

4. **标准操作程序**

标准操作程序是为应急组织或个人履行应急预案中规定的职责和任务时所需的详细指导。标准操作程序的描述应简单明了，一般包括目的与适用范围、职责，以及具体任务说明或步骤、负责人、有关附件（检查表、附图表）等。标准操作程序本身也应尽量采用检查表的形式，对每一步留有记录区，供逐项检查核对时做标记使用。已做过核对标记的检查表，成为应急过程中所产生的记录的一部分。

**5. 支持附件**

应急预案或标准操作程序中可能列举的支持附件和附图表包括：

(1) 通信系统

(2) 信息网络系统

(3) 警报系统分布及覆盖范围

(4) 技术参考（手册、后果预测和评估模型及有关支持软件等）

(5) 专家名录

(6) 重大危险源登记表、分布图

(7) 重大事故灾害影响范围预测图

(8) 重要防护目标一览表、分布图

(9) 应急机构、人员通信联络一览表

(10) 消防队等应急力量一览表、分布图

(11) 医院、急救中心一览表

(12) 应急装备、设备（施）、物资一览表

(13) 应急物资供应企业名录

(14) 外部机构通信联络一览表

(15) 战术指挥图

(16) 疏散路线图

(17) 庇护及安置场所一览表、分布图

(18) 电视台、广播电台等新闻媒体联络一览表

## 六、应急预案的基本要素

事故应急救援预案由外部预案和内部预案两部分构成。外部预案由地方政府制定，地方政府对所辖区域内易燃易爆和危险品生产的企业、公共场所、要害设施都应制定事故应急救援预案。外部预

案与内部预案相互补充，特别是中小型企业内部应急救援能力不足更需要外部的应急救助。内部预案由相关生产经营单位制定，内部预案包含总体预案和各危险单元预案。内部预案包括组织落实、制定责任制、确定危险目标、警报及信号系统、预防事故的措施、紧急状态下抢险救援的实施办法、救援器材设备储备、人员疏散等内容。

应急预案基本要素包括以下内容：

**1. 方针与原则**

**2. 应急准备**

（1）机构与职责

（2）应急资源

（3）教育、培训与演习

（4）互助协议

**3. 应急策划**

（1）危害辨识与风险评价

（2）应急设备与设施

（3）应急评价能力与资源

（4）法律法规要求

**4. 应急响应**

（1）报警、接警与通知

（2）指挥与控制

（3）警报和紧急公告

（4）通信

（5）事态监测与评估

（6）警戒与治安

（7）人群疏散与安置

（8）医疗与卫生

（9）公共关系

(10) 应急人员安全

(11) 消防和抢险

(12) 泄漏物控制

**5. 事故后的现场恢复程序**

**6. 培训与演练**

**7. 预案管理、评审改进与维护**

## 第二节　煤矿应急预案的编制要求

### 一、制定事故应急救援预案的目的

虽然人们对生产过程中出现的危险有了相当程度的认识，煤矿企业对危险场所和部位也加强了管理和检查，煤矿企业生产过程中的风险已经降到了可以接受的程度，但是由于操作、设施、环境等方面的不安全因素的客观存在，或由于人们对生产过程中的危险认识的局限性，事故发生的概率有时还比较高，重大事故发生的可能性也还存在。

为了在重大事故发生后能及时予以控制，防止重大事故的蔓延，有效地组织抢险和救助，煤矿企业应对已初步认定的危险场所和部位进行重大事故危险源的评估。对所有被认定为重大危险源的部位或场所，应事先进行重大事故后果定量预测，估计在重大事故发生后的状态、人员伤亡情况、设备破坏和损失程度，以及由于人为失误造成的爆炸、火灾、有毒有害物质扩散和蔓延对企业及相邻区域可能造成危害程度的预测。

依据预测，提前制定重大事故应急救援预案，组织、培训抢险队伍和配备救助器材，以便在重大事故发生后，能及时按照预定方案进行救援，在短时间内使事故得到有效控制。

综上所述，煤矿企业生产安全事故应急救援预案的编制目的就是防止突发性重大事故发生，并通过事前计划和应急措施，充分利用一切可能的力量，能在事故发生后迅速有效地控制事故发展并尽可能排除事故，保护现场人员和场外人员的安全，将事故对人员、财产和环境造成的损失降至最低限度，具体要求如下：

(1) 保证矿井发生重大事故如瓦斯、煤尘、水灾等的调查和应急救援工作的顺利进行，一旦发生重大事故，能在预案的指导下采取正确的有效措施控制危险源，避免事故扩大，在可能的情况下予以消除。

(2) 抑制突发事件，尽可能减少事故对煤矿工人、机电设备和巷道等的危害。

(3) 明确事故发生时各类人员的职责、工作内容，使救援工作有序、高效地进行。

(4) 发现预防系统中的缺陷，更好地促进事故的预防工作，实现本质安全型生产。

## 二、制定事故应急救援预案的原则

生产安全是“人—机—环境”系统相互协调，保持最佳“秩序”的状态。事故应急救援预案应由事故的预防和事故发生后损失的控制两个方面构成。

从事故预防的角度看，一方面要在技术上采取措施，使“机—环境”系统具有保障安全状态的能力，另一方面要通过管理协调“人自身”及“人—机”系统的关系，以实现整个系统的安全。这意味着事故预防应由技术对策和管理对策共同构成。值得注意的是，生产经营单位职工对生产安全所持的态度、人的能力和人的技术水平是决定能否实现事故预防的关键因素，提高人的素质可以提高事故预防和控制的可靠性。

从事故发生后损失控制的角度看，事先对可能发生事故后的状态和后果进行预测并制定救援措施，一旦发生异常情况，能根据事故应急救援预案，及时进行救援处理，可最大限度地避免突发性重大事故发生和减轻事故所造成的损失，同时又能及时地恢复生产。

综上所述，制定事故应急救援预案的原则是“预防为主，防治结合”，做到“预防为主、自救为主、统一指挥、分工负责”。

## 三、编制依据

近几年来，按照《安全生产法》等法律法规的要求，在各方面的共同努力下，安全生产应急管理法制建设有了一定的进展。国务院下发的《关于加强安全生产事故应急预案监督管理的通知》、国务院安委会印发的《国家安全生产应急救援联络员会议制度》和《关于报告安全生产事故救援工作情况总结有关事项的通知》等文件，国家安全生产监督管理总局发布的《关于加强重特大事故信息报告工作的通知》《矿山救护队资质认定管理规定》《矿山救护培训管理暂行规定》等规章，对安全生产应急管理工作的相关事宜做出了明确规定。各级地方政府也逐步加强了应急救援法规建设，对安全生产事故应急救援工作做了专门规定。但是，到目前为止，我国还没有一部系统、全面和明确的安全生产应急管理法律法规。涉及安全生产应急管理的有关规定和要求，分散在现行多个相关法律、行政法规中，具体如下：

（1）《中华人民共和国安全生产法》

（2）《中华人民共和国煤矿安全法》

（3）《中华人民共和国职业病防治法》

（4）《中华人民共和国煤炭法》

（5）《中华人民共和国劳动法》

（6）《中华人民共和国消防法》

（7）《中华人民共和国矿产资源法》

(8)《中华人民共和国环境保护法》

(9)《中华人民共和国矿山安全法实施条例》

(10)《国家突发公共事件总体应急预案》

(11)《矿山事故灾难应急预案》

(12)《危险化学品重大危险源监督管理暂行规定》

(13)《煤矿安全规程》

(14)《金属非金属矿山安全规程》

(15)《矿山应急救援装备管理办法》

(16)《国务院关于特大安全事故行政责任追究的规定》

(17)《国务院关于进一步加强安全生产工作的决定》

(18)《国务院关于预防煤矿生产安全事故的特别规定》(国务院令第446号)

(19)《特种设备安全监察条例》

(20)《关于重大危险源申报登记试点工作的指导意见》(国家安监局办字〔2003〕159号)

(21)《企业职工伤亡事故经济损失统计标准》(GB 6721—1986)

(22)《生产安全事故报告和调查处理条例》(国务院令第493号)

(23)《生产经营单位生产安全事故应急预案编制导则》(AQ/T 9002—2006)

(24)《中共中央办公厅国务院办公厅关于进一步改进和加强国内突发事件新闻报道工作的通知》(中办发〔2003〕22号)

(25)《关于改进和加强国内突发事件新闻发布工作的实施意见》(国务院办公厅2004年2月27日印发)

(26)《国务院有关部门和单位制定和修订突发公共事件应急预案框架指南》(国办函〔2004〕33号)

(27)《省(区、市)人民政府突发公共事件总体应急预案框架指南》(国办函〔2004〕39号)

这些法律、法规分别从不同方面对安全生产应急管理做了相关规定和要求，对加强安全生产应急管理工作，提高防范、应对安全生产重特大事故的能力，保护人民群众生命财产安全发挥了重要作用。

## 四、煤矿生产安全事故应急救援预案的编制要求

煤矿企业生产安全事故救援应在遵循预防为主的前提下，贯彻统一指挥、分级负责、区域为主、企业自救与社会救援相结合的原则。应分类、分级制定预案内容，上一级预案的编制应以下一级预案为基础。煤矿企业必须对以下潜在的重大事故建立应急救援预案：

（1）冒顶、片帮、边坡滑落和地表塌陷事故

（2）重大瓦斯爆炸事故

（3）重大煤尘爆炸事故

（4）冲击地压、重大地质灾害、煤与瓦斯突出事故

（5）重大水灾事故

（6）重大火灾（包括自然发火）事故

（7）重大机电事故

（8）爆破器材和爆破作业中发生的事故

（9）粉尘、有毒有害气体、放射性物质和其他有害物质引起的急性危害事故

（10）其他危害事故

预案编制应体现科学性、实用性、权威性的编制要求。在全面调查基础上，实行领导与专家相结合的方式，开展科学分析和论证，制定出严密、统一、完整的煤矿企业生产安全事故应急救援方案；煤矿企业生产安全事故应急救援方案的编制还应符合本矿的客观实际情况，具有实用性，便于操作，起到准确、迅速控制事故的作用；预案应明确救援工作的管理体系，救援行动的组织指挥权限和各级救援组织的职责、任务等一系列的行政管理规定，保证救援工作的

统一指挥，制定的预案经相应级别、相应管理部门的批准后实施。

预案在编制和实施过程中不能损害相邻单位利益。如有必要可将本矿的预案情况通知相邻地域，以便在发生重大事故时能取得相互支援。

预案编制要有充分依据。要根据煤矿企业危险源辨识、风险评价，煤矿企业安全现状评价，应急准备与响应能力评估等方面调查、分析的结果，同时要对预案本身在实施过程中可能带来的风险进行评价。

切实做好预案编制的组织保障工作。煤矿企业生产安全事故应急救援预案的编制需要安全、工程技术、组织管理、医疗急救等各方面的专业人员或专家组成，他们应熟悉所负责的各项内容。

预案要形成一个完整的文件体系。应包括总预案、程序、说明书（指导书）、记录（应急行动的记录）的四级文件体系。

预案编制完成后要认真履行审核、批准、发布、实施、评审、修改等管理程序。

## 第三节　煤矿应急预案编制步骤

完整、有效的煤矿企业生产安全事故应急救援预案，从搜集资料到预案的实施、完善，需要经历一个多步骤的工作过程。整个过程包括编制准备，预案编制，审定、实施，预案的演练，预案的修订与完善五个大的步骤。

### 一、编制准备

#### 1. 成立编写组织机构

煤矿事故应急救援预案的编制工作涉及面广、专业性强，是一项非常复杂的系统工程，需要安全、工程技术、组织管理、医疗急救等方面专业人才或专家参与。因此，需要成立一个由各专业方面人员组成的编写组织机构。

**2. 制订编制计划**

一个完整的煤矿事故应急救援预案文件体系，由总预案、程序、作业指导书、行动记录四级文件体系构成。内容十分丰富，涉及面很广，既涉及本矿的应急能力和资源，也涉及主管上级、区域及相邻单位的应急要求。因此，需要制订一个详细的工作计划。计划应包括工作目标、控制进程、人员安排、时间安排，并且要突出工作重点。

**3. 收集整理信息**

收集和分析现有的影响事故预防、事故控制的信息资料，对所涉及的区域进行全面的调查。

**4. 初始评估**

对煤矿现有的救援系统进行评估，找出差距，为建立新的救援体系奠定基础。初始评估一般包括：明确适用的法律法规要求，审查现有的救援活动和程序，对以往的重大事故进行调查分析等。

**5. 危险源辨识与风险评价**

危险分析的目的是明确煤矿应急的对象，存在哪些可能的重大事故，其性质及影响范围，后果严重程度，为应急准备、应急响应和减灾措施提供决策和指导依据。危险分析包括危险辨识、脆弱性分析、风险评价。要结合国家法规要求，根据煤矿的具体情况进行。

**6. 能力与资源评估**

通过分析现有能力的不足，为应急资源的规划和配备、与相邻单位签订互助协议和预案编制提供指导。

## 二、预案编制

编制预案是一项专业性和系统性很强的工作，预案质量的好坏直接关系到实施的效果，即事故控制和降低事故损失的程度。编写时按照煤矿事故应急救援预案的文件体系、应急响应程序、预案的内容及预案的级别和层次（综合、专项、现场）要求进行编写。

### 三、审定、实施

完成预案编写以后，要进行科学评价和实施审核、审定。编制的预案是否合理，能否达到预期效果，救援过程中是否会产生新的危害等，都需要经过有关机构和专家进行评定。

### 四、预案的演练

为全面提高应急能力，对应急人员进行教育、应急训练和演习必不可少。应急演练应包括基础培训与训练、专业训练、战术训练及其他训练等，通过演练、评审为预案的完善创造条件。

### 五、预案的修订与完善

预案的修订与完善是实现煤矿事故应急救援预案持续改进的重要步骤。应急预案是煤矿事故应急救援工作的指导文件，同时又具有法规权威性，通过定期或在应急演习、应急救援后对其进行评审，针对煤矿实际情况的变化及预案中暴露出的缺陷，不断地更新、完善和改进应急预案文件体系。

## 第四节　煤矿应急预案的内容

应急救援预案要有明确的方针和原则作为指导，应急救援工作要体现保护人员安全优先、防止和控制事故蔓延优先、保护环境优先；同时体现事故损失控制、预防为主、常备不懈、统一指挥、高效协调及持续改进的思想。

## 一、应急预案概况

应急预案概况是煤矿事故应急救援预案编制的基础，是应急准备、响应的前提条件，同时又是一个完整预案文件体系的一项重要内容。在煤矿事故应急救援预案中，应明确煤矿企业的概况、危险源状况等，同时对发生紧急情况下应急救援事件、适用范围等提供简要描述，并做必要说明，如明确应急方针与原则，作为开展应急救援工作的纲领。

## 二、事故预防与应急策划

事故预防与应急策划是根据煤矿企业存在的潜在事故、可能的次生与衍生事故进行危险分析与风险评价，以及进行事故应急救援时的资源分析、法律法规要求分析等，为提出相应预防和控制事故的措施提供方向和基本保障。

### 1. 煤矿重大事故的危险分析与风险评价

必须从重大事故的危险源辨识开始，只有找出煤矿中的重大事故危险源才能对其进行评价与分析，并最终以风险等级（也称为危险等级）来表示风险评价结果。所谓煤矿重大危险源是指可能导致煤矿重大事故的设施或场所，其具有以下特性：

（1）煤矿重大事故波及范围一般局限于矿井内部。

（2）在煤矿重大事故中，导致人员和财产重大损失的根源，既有井下采掘系统内危险物质与能量，例如，瓦斯、自燃的煤、爆炸性的煤尘，也有系统外的失控的能量和物质等，例如，大面积冒顶事故中具有很大势能的岩石、透水事故中有很大压力的地下水或地表水、瓦斯突出事故中在地应力与瓦斯压力作用下突出的煤、瓦斯及岩石等。

（3）煤矿重大危险源是动态变化的。随着工作面的推进、采区的接替、水平的延深，不仅井下工作地点发生了变化，而且地质条件、通风状况、工作环境等都可能发生改变，进而可能使危险源的风险等级发生改变。

(4) 煤矿重大危险源的危险物质和能量在很多情况下是逐渐的积聚或叠加的。比如在通风不良的情况下，瓦斯浓度可以由0积聚到爆炸下限5%；再如老空区、废旧巷道的积水，以及回采工作面的煤矿压力的逐步增大等。

由于煤矿重大事故有以上的特性，煤矿重大危险源在其内涵及外延上和其他工业领域的重大危险源有着很大的不同。首先，煤矿重大危险源很难由某种危险物质或能量的一个临界量来完全判定。例如，评价一个煤矿是否是瓦斯爆炸事故的重大危险源，不能仅根据煤矿井下瓦斯的某一临界量指标判定，因为只要是瓦斯矿井，就有可能发生瓦斯爆炸，一旦发生瓦斯爆炸事故，后果都是灾难性的，因此，可以说，只要是瓦斯矿井，不管是高瓦斯矿井还是低瓦斯矿井，都可以判定为瓦斯爆炸事故重大危险源，其差别会反映在风险等级的不同上。再如对煤矿火灾事故，不能仅以井下某一种可燃物的量来确定火灾事故的后果，对矿井水灾事故，不能仅以可进入井下的水量来确定水灾事故的后果等。

根据煤矿重大危险源的定义与特性可知，煤矿重大危险源的辨识必须依据其定义的表述，即“煤矿重大危险源是指可能导致煤矿重大事故的设施或场所”这一概念，着重考虑煤矿存在的重大事故危险类别，而将存在的危险物质及其数量作为参考因素。从这一角度出发，煤矿重大危险源的辨识，主要是辨识煤矿可能发生的各类重大事故。煤矿瓦斯爆炸事故、火灾事故、顶板事故、突水事故、煤尘爆炸事故、煤与瓦斯突出事故等都会产生灾难性的事故后果，都属于煤矿重大危险源。

**2. 资源分析**

根据确定的危险目标，明确其危险特性、对周边的影响及应急救援所需资源；危险目标周围可利用的安全、消防、个体防护的设备、器材及其分布，上级救援机构或相邻单位可利用的资源等。

**3. 法律法规要求**

法律法规是开展应急救援工作的重要前提保障。列出国家、省、市及应急各部门职责要求及应急预案、应急准备、应急救援有关的法律法规文件，作为编制预案的依据。这在《中华人民共和国矿山安全法》《中华人民共和国职业病防治法》《中华人民共和国消防法》《煤矿安全监察条例》《特种设备安全监察条例》（国务院令第373号）《关于特大安全事故行政责任追究的规定》等中也都做了相应规定。

## 三、应急准备

应急准备程序应说明应急行动前所需采取的准备工作，包括应急组织及其职责权限、应急资源保障和物质的准备、应急预案的教育、训练与演练，以及互助协议签订等。

**1. 事故应急救援的组织机构与职责划分**

重大事故的应急救援行动往往涉及多个部门，因此应预先明确，在应急救援中承担相应任务的组织机构及其职责。比较典型的事故应急救援机构应包括：

（1）应急救援中心

应急救援中心是整个应急救援系统的重心，主要负责协调事故应急救援期间各个机构的运作，统筹安排整个应急救援行动，为现场应急救援提供各种信息支持；必要时迅速召集各应急结构和有关部门的高级代表到应急中心，实施场外应急力量、救援装备、器材、物品等的迅速调度和增援，保证行动快速、有序、有效地进行。

（2）应急救援专家组

应急救援专家组在应急救援中起着重要的参谋作用。包括对潜在重大危险的评估、应急资源的配备、事态及发展趋势的预测、应急力量的重新调整和部署、个人防护、公众疏散、抢险、监测、清消、现场恢复等行动提出决策性的建议。

(3) 医疗救治

通常由医院和急救中心组成。主要负责设立现场医疗急救站，对伤员进行现场分类和急救处理，并及时、合理转送医院治疗，进行救治。对现场救援人员进行医学监护。

(4) 抢险救灾

煤矿军事化救护队，承担着抢险救灾的重要任务，其职责是尽可能、尽快地控制并消除事故，营救受害人员；并负责迅速测定事故的危害区域范围及危害性质等。

(5) 警戒与治安组织

通常由公安部门、武警、军队、联防等组成。主要负责对事故区外围的交通路口实施定向、定时封锁，阻止事故危害区外的公众进入；指挥、调度撤出事故区的人员和使车辆顺利地通过通道；对重要目标实施保护，维护社会治安。

(6) 后勤保障组织

主要涉及计划部门、交通部门及电力、通信、市政、民政部门和物质供应企业等，主要负责应急救援所需的各种设施、设备、物资及生活、医药等的后勤保障。

(7) 信息发布中心

主要由宣传部门、新闻媒体、广播电视等组成，负责事故和救援信息的统一发布。及时准确地向公众发布有关保护措施的紧急公告等。

**2. 应急资源保障和物资准备**

应急资源的配备是应急响应的保证。在煤矿事故应急救援预案中应明确预案的资源配备情况，包括应急救援保障、救援需要的技术资料、应急设备和物资等，并确保其有效使用。

(1) 应急救援保障

分为内部保障和外部保障。

1）内部保障。依据现有资源的评估结果，内部保障确定以下内容：

①应急队伍，包括抢修、现场救护、医疗、治安、消防、交通管理、通信、供应、运输、后勤等人员。

②消防设施配置图、工艺流程图、现场平面布置图和周围地区图、气象资料、煤矿安全技术说明书、互救信息等存放地点、保管人。

③应急通信系统。

④应急电源、照明。

⑤应急救援装备、物资、药品等。

⑥煤矿运输车辆的安全、消防设备、器材及人员防护装备。

⑦保障制度目录。

⑧责任制。

⑨值班制度。

⑩其他有关制度。

2）外部保障。依据对外部应急救援能力的分析结果，外部救援确定以下内容：

①互助的方式。

②请求政府、集团公司协调应急救援力量。

③应急救援信息咨询。

④专家信息。

（2）矿井事故应急救援应提供的必要资料

通常包括：

1）矿井平面图。

2）矿井立体图。

3）巷道布置图。

4）采掘工程平面图。

5）井下运输系统图。

6）矿井通风系统图。

7）矿井系统图。

8）排水、防尘、防火注浆、压风、充填、抽放瓦斯等管路系统图。

9）井下避灾路线图。

10）安全监测装备布置图。

11）瓦斯、煤尘、顶板、水、通风等数据。

12）程序、作业说明书和联络电话号码。

13）井下通信系统图等。

（3）应急设备

应确定所需的应急设备，并保证充足提供。要定期对这些应急设备进行测试，以保证其能够有效使用。应急设备一般包括：

1）报警通信系统。

2）井下应急照明和动力。

3）自救器、呼吸器。

4）安全避难场所。

5）紧急隔离栅、开关和切断阀。

6）消防设施。

7）急救设施。

8）通信设备。

**3. 教育、训练与演练**

煤矿事故应急救援预案中，应确定应急培训计划、演练计划，以及教育、训练、演练的实施与效果评估等内容。

（1）应急培训计划

依据对员工能力的评估和职工从业素质的分析结果，确定以下内容：

1）应急救援人员的培训。

2）员工应急响应的培训。

3）企业员工应急知识的宣传。

（2）演练计划

依据现有资源的评估结果，确定以下内容：

1）演练准备。

2）演练范围与频次。

3）演练组织。

（3）教育、训练、演练的实施与效果评估

依据教育、训练、演练计划，确定以下内容：

1）实施的方式。

2）效果评估方式。

3）效果评估人员。

4）预案改进、完善。

**4. 互助协议**

当有关的应急力量与资源相对薄弱时，应事先寻求与外部救援力量建立正式互助关系，做好相应安排，签订互助协议，做出互救的规定。

## 四、应急响应

在应急救援过程中，存在一些必需的核心功能和任务，如接警与通知、指挥与控制、警报和紧急公告、通信、事态监测与评估、警戒与治安、人群疏散与安置、医疗与卫生、公共关系、应急人员安全、消防和抢险等，无论何种应急过程都必须围绕上述功能和任务展开。应急响应主要指实施上述核心功能和任务的程序和步骤。

**1. 设定预案分级响应的启动条件**

依据煤矿事故的类别、危害程度的级别和从业人员的评估结果，可能发生的事故现场情况分析结果，设定预案分级响应的启动条件。

### 2. 报警、接警、通知、通信联络方式

准确了解事故的性质和规模等初始信息是决定启动应急救援的关键。接警作为应急响应的第一步，必须对接警要求做出明确规定，保证迅速、准确地向报警人员询问事故现场的重要信息。接警人员接受报警后，应按预先确定的通报程序，迅速向有关应急机构、政府及上级部门发出事故通知，以采取相应的行动。即依据现有资源的评估结果，确定以下内容：

(1) 24 h 有效的报警装置。

(2) 24 h 有效的内部、外部通信联络手段。

(3) 事故通报程序。

### 3. 指挥与控制

重大事故的应急救援往往涉及多个救援部门和机构，因此，对应急行动的统一指挥和协调是有效开展应急救援的关键。建立统一的应急指挥、协调和决策程序，便于对事故进行初始评估，确认紧急状态，从而迅速有效地进行应急响应决策，建立现场工作区域，指挥和协调现场各救援队伍开展救援行动，合理高效地调配和使用应急资源等。该应急功能应明确：

(1) 现场指挥部的设立程序。

(2) 指挥的职责和权力。

(3) 指挥系统（谁指挥谁、谁配合谁、谁向谁报告）。

(4) 启用现场外应急队伍的方法。

(5) 事态评估与应急决策的程序。

(6) 现场指挥与应急指挥部的协调。

(7) 企业应急指挥与外部应急指挥之间的协调。

### 4. 警报和紧急公告

当事故可能影响到井下其他工作区域工作人员的安全时，应及时启动警报系统，向工作人员发出警报，告知事故性质、自我保护措施、撤退事项等，以保证其他可能受灾人员能够及时做出自我防

护响应。

#### 5. 警戒与治安

为保障现场应急救援工作的顺利开展，在事故现场周围建立警戒区域，实施交通管制，维护现场治安秩序是十分必要的。其目的是防止与救援无关人员进入事故现场，保障救援队伍、物资运输和人群疏散等的交通畅通，并避免发生不必要的伤亡。

该项功能的具体职责包括：

（1）实施交通管制，对应急救援实施区外围的交通路口实施定向、定时封锁，严格控制进出事故现场的人员，避免出现意外的人员伤亡或引起现场的混乱。

（2）指挥危害区域内人员的撤离、保障车辆的顺利通行，指引不熟悉地形和道路情况的应急车辆进入现场，及时疏通交通堵塞。

（3）维护撤离区和人员安置区场所的社会治安工作，保卫撤离区内和各封锁路口附近的重要目标和财产安全，打击各种犯罪分子。

（4）除上述职责以外，警戒人员还应该协助发出警报、现场紧急疏散、人员清点、传达紧急信息，以及事故调查等。

#### 6. 人员紧急疏散与安置

依据对可能发生煤矿事故场所、设施及周围情况的分析结果，确定以下内容：

（1）事故现场人员清点，撤离的方式、方法。

（2）非事故现场人员紧急疏散的方式、方法。

（3）抢救人员在撤离前、撤离后的报告。

#### 7. 危险区的隔离

依据可能发生的煤矿事故危害类别、危害程度级别，确定以下内容：

（1）危险区的设定。

（2）事故现场隔离区的划定方式、方法。

（3）事故现场隔离方法。

（4）事故现场周边区域的道路隔离或交通疏导办法。

**8. 检测、抢险、救援、消防及事故控制措施**

依据有关国家标准和现有资源的评估结果，确定以下内容：

（1）检测的方式、方法及检测人员防护、监护措施。

（2）抢险、救援方式、方法及人员的防护、监护措施。

（3）现场实时监测及异常情况下抢险人员的撤离条件、方法。

（4）应急救援队伍的调度。

（5）控制事故扩大的措施。

（6）事故扩大后的应急措施。

**9. 受伤人员现场救护、救治与医院救治**

对受伤人员采取及时、有效的现场急救，合理转送医院进行治疗，是减少事故现场人员伤亡的关键。应急预案应依据事故分类、分级，附近疾病控制与医疗救治机构的设置和处理能力，制定具有可操作性的处置方案，其中包括以下内容：

（1）受伤人群检伤分类方案及执行人员。

（2）依据检伤结果对患者进行分类现场紧急抢救方案。

（3）受伤人员医学观察方案。

（4）患者转运及转运中的救治方案。

（5）患者治疗方案。

（6）入院前和医院救治机构确定及处置方案。

（7）药物、器材储备信息。医疗人员必须经过培训，掌握对受伤人员进行正确消毒和治疗方法。

**10. 公共关系**

依据事故信息、影响、救援情况等信息发布要求明确以下内容：

（1）事故信息发布批准程序。

（2）媒体、公众信息发布程序。

（3）公众咨询、接待、安抚受害人员家属的规定。

### 11. 应急人员安全

预案中应明确应急人员安全防护措施、个体防护等级、现场安全监测的规定；应急人员进出现场的程序；应急人员紧急撤离的条件和程序。

## 五、现场恢复

事故救援结束，应立即着手于现场恢复工作，有些是可以立即恢复，有些是短期恢复或长期恢复。经验教训表明，在现场恢复的过程中往往仍存在潜在的危险，如封闭火区内可燃物复燃等，所以，应充分考虑现场恢复过程中的危险，制定恢复程序，防止事故再次发生。因此，煤矿事故应急救援预案中应明确以下内容：

（1）现场保护与现场清理。

（2）事故现场的保护措施。

（3）事故现场处理工作的负责人和专业队伍。

（4）事故应急救援终止程序。

（5）事故应急救援工作结束的程序。

（6）通知本单位相关部门及相关人员事故危险已解除的程序。

（7）恢复正常状态程序。

（8）现场清理和受影响区域连续监测程序。

（9）事故调查与后果评价程序。

## 六、预案管理与评审改进

煤矿事故应急救援预案应定期进行应急演练或应急救援后对预案进行评审，以完善预案。预案中应明确预案制定、修改、更新、批准和发布的规定；应急演练、应急救援后及定期对预案评审的规定；应急行动记录要求等内容。

### 七、附件

煤矿事故应急救援预案的附件部分包括：组织机构名单；值班联系电话；煤矿事故应急救援有关人员联系电话；煤矿生产单位应急咨询服务电话；外部救援单位联系电话；政府有关部门联系电话；矿井地质和水文地质图；井上、井下对照图；巷道布置图；采掘工程平面图；通风系统图；井下运输系统图；安全监测装备布置图；排水、防尘、防火注浆、压风、充填、抽放瓦斯等管路系统图；井下通信系统图；井上、井下配电系统图和井下电气设备布置图；井下避灾路线图；消防设施配置图；周边区域道路交通示意图和疏散路线、交通管制示意图；周边区域的单位、社区、重要基础设施分布图及有关联系方式，供水、供电单位的联系方式；组织保障制度等。

## 第五节　预案编制的格式

通常煤矿事故应急救援预案的格式为：

（1）封面

包括标题、单位名称、预案编号、实施日期、签发人（签字）、公章。

（2）目录

（3）引言、概况

（4）术语、符号和代号

（5）预案内容

（6）附录

（7）附加说明等

# 第四章 煤矿应急预案培训与演练

## 第一节 应急培训计划

为了保证应急救援预案切实发挥作用，使得在紧急情况下，现场应急处理指挥小组和应急救援人员都明确“做什么”、“怎么做”“谁来做”及相关法规所列出的事故危险和应急责任，应急预案管理办公室在平时就必须进行相应的应急培训、应急演练和应急预案的修订等工作。如应急救援人员的培训、企业员工应急响应的培训和应急知识的宣传等。

### 一、应急救援人员的培训

煤矿救护人员应按规定经过培训，考试合格后方可持证上岗。煤矿救护中队以上指挥员应经国家应急救援指挥中心培训；煤矿救护小队长应经省级煤矿救援技术培训中心培训；煤矿救护队员应经煤矿救护大队培训机构培训。

按照《煤矿救护规程》，煤矿救护队应加强煤矿救护质量标准化达标管理和培训工作。煤矿救护中队每季度组织一次质量达标自查；煤矿救护大队每半年组织一次质量达标检查；省级煤矿救援指挥中心每年组织一次检查验收；国家安全生产监督管理总局适时组织抽查。同时，建立煤矿救援演练训练与技术竞赛制度。煤矿救援队伍每年定期组织煤矿救援技术训练与技术竞赛。各省、自治区每年组织一次煤矿救援技术比武，国家安全生产监督管理总局每两年组织一次全国煤矿救护比武，并组织参加国际煤矿救援技术比武。

煤矿救护队还应建立预防、预警机制，按照煤矿救护协议和《矿井灾害应急预案》协助企业开展预防性安全检查，并完成相应的培训内容。

（1）灭火器的使用及灭火步骤的训练。

（2）熟悉消防器材和消防水系统的位置。

（3）个人的防护措施、自救设备的正确使用。

（4）急救方法的培训、急救药物的使用。

（5）对危险源的突显特性辨识、危险标识的识别和如何设置危险标识。

（6）紧急情况下如何安全疏散人员、保护事故现场。

（7）熟悉本单位的应急预案和本人的职责。

（8）应急救援的团结协作意识。

## 二、员工的应急响应培训

平时应组织员工学习应急救援知识，使每个员工都了解本单位的应急救援预案，在紧急情况下，能够最快最有效地报警，并积极配合救援工作。

事故应急救援预案的基本知识的普及内容包括：

（1）预案的作用。

（2）本区域内的危险因素及可能发生事故的类型。

（3）事故的预防措施。

（4）发生事故时相关人员的责任。

（5）发生事故时如何报警。

（6）自救与互救知识。

（7）指挥信号的识别。

（8）疏散的路线。

# 第二节　应急演练

## 一、演练的目的

演练和训练可以看作应急预案的一部分或继续。它是通过培训和演练，把应急预案加以验证和完善，确保事故发生时应急预案得以有效实施和贯彻，其目的就在于验证预案的可行性和符合实际情况的程度，提高救援队伍的实际救援能力，重大事故应急准备是一个长期的持续性过程，在此过程中，应急演练可以发挥如下作用：

（1）评估企业重大事故应急能力，识别资源需求，澄清相关机构、组织和人员的职责，改善不同机构、组织和人员之间的协调问题，测试预案和程序的充分程度。

（2）检验应急响应人员对应急预案、执行程序的了解程度和实际操作技能，评估应急培训效果，分析培训需求，尤其是要通过演练检查应急救援队伍对预案熟悉和成员之间配合的程度；同时，作为一种培训手段，通过调整演练难度，进一步提高应急响应人员的业务素质和能力。

（3）通过演练可以测试紧急装置、设备及物质资源供应，检验和测试应急设备的可靠性，使救援队伍掌握相关装备的正确使用方法，提高实际技能及熟练程度，培养顽强的战斗精神。

（4）检验应急救援指挥部的应急能力，这里包括组织指挥、应急救援队救援能力和企业员工对应急响应能力，提高现场内、外的应急部门的协调能力。

（5）通过演练可以发现并及时修改应急预案、执行程序、行动核查表中存在的问题，判别和改正预案的缺陷和不足，为修正预案提供实际资料。

(6) 促进企业员工、公众、媒体对应急预案的理解，提高他们的应急意识，争取他们对重大事故应急工作的支持。

## 二、应急演练的类型的选择

应急演练的类型可分为桌面演练、功能演练、综合演练。

### 1. 桌面演练

桌面演练是指由应急组织的代表或关键岗位人员参加的，按照应急预案及其标准工作程序，讨论紧急情况时应采取行动的演练活动。桌面演练的主要特点是对演练情景进行口头演练，一般是在会议室内举行非正式的活动。主要作用是在没有时间压力的情况下，演练人员在检查和解决应急预案中问题的同时，获得一些建设性的讨论结果。主要目的是在友好、较小压力的情况下，锻炼演练人员解决问题的能力，以及解决应急组织相互协作和职责划分的问题。

桌面演练是为了有针对性地完成应急救援任务中的某个单项科目而进行的基本操作，如个体防护训练、通信训练、伤员救护训练、消防训练等单一科目训练，它是局部演练，是全面综合演练不可分割的一个组成单元，也是局部演练、综合演练的基础。一般情况下，只有搞好各个单项训练，才能顺利地进行下一步的演练。由于是单项训练，桌面演练只需展示有限的应急响应和内部协调活动，应急响应人员主要来自本地应急组织，事后一般采取口头评论形式收集演练人员的建议，并提交一份简短的书面报告，总结演练活动和提出有关改进应急响应工作的建议，时间上可以灵活掌握，桌面演练方法成本较低，主要用于为功能演练和全面演练做准备。

### 2. 功能演练

功能演练是指针对某项应急响应功能或其中某些应急行动举行的演练活动。功能演练一般在应急指挥中心举行，并可同时开展现场演练，调用有限的应急设备，主要目的是针对应急响应功能，检验应急救援任务中的某个科目、某个部分准备情况，同应急单位之间的协调程度，以及应急人员和应急体系的策划和响应能力。例如，指挥和控制功能的演练，目的是检测、评价多个政府部门在一定压力情况下集权式的应急运行和及时响应能力，演练地点主要集中在若干个应急指挥中心或现场指挥所举行，并开展有限的现场活动，调用有限的外部资源。外部资源的调用范围和规模应能满足响应模拟紧急情况时的指挥和控制要求。又如针对交通运输活动的演练，目的是检验地方应急响应官员建立现场指挥所，协调现场应急响应人员和交通运载工具的能力。

功能演练比桌面演练规模要大，需动员更多的应急响应人员和组织。必要时，还可要求国家级应急响应机构参与演练过程，为演练方案设计、协调和评估工作提供技术支持，因而协调工作的难度也随着更多应急响应组织的参与而增大。功能演练所需的评估人员一般为4～12人，具体数量依据演练地点、社区规模、现有资源和演练功能的数量而定。演练完成后，除采取口头评论形式外，还应向地方提交有关演练活动的书面汇报，提出改进建议。

**3. 综合演练**

综合演练是指针对应急预案中全部或大部分应急功能，检验、评价应急组织的指挥、协调能力和救援能力及其配合情况，各种保障系统的完善情况及企业员工的避灾能力等。综合演练一般要求持续几个小时，采取交互式进行，演练过程要求尽量真实，调用更多的应急响应人员和资源，并开展人员、设备及其他资源的实战性演练，以展示相互协调的应急响应能力。

与功能演练类似，综合演练也少不了负责应急运行、协调和政策拟订人员的参与，以及国家级应急组织人员在演练方案设计、协调和评估工作中提供的技术支持。但综合演练过程中，这些人员或组织的演示范围要比功能演练更广。综合演练一般需10～50名评价人员。演练完成后，除采取口头评论、书面汇报外，还应提交正式的书面报告。

三种演练类型的最大差别在于演练的复杂程度和规模，所需评价人员的数量与实际演练、演练规模、地方资源等状况有关。无论选择何种应急演练方法，应急演练方案必须适应企业重大事故应急管理的需求和资源条件。应急演练的组织者或策划者在确定应急演练方法时，应考虑本企业重大事故应急预案和应急执行程序制定工作的进展情况，本企业面临风险的性质和大小，本企业现有应急响应能力、应急演练成本及资金筹措状况，相关政府部门对应急演练工作的态度和各类应急组织投入资源的状况等因素。

虽然应急演练类型有多种，不同类型的应急演练有不同特点，但在策划演练内容、演练情景、演练频次、演练评价方法等方面时，必须遵守相关法律、法规、标准和应急预案规定；在组织实施演练过程中，必须满足“领导重视、科学计划、结合实际、突出重点、周密组织、统一指挥、分步实施、讲究实效”的要求。

在确定选取哪种类型演练方法时，应考虑以下一些因素：

(1) 应急预案和响应程序制定工作的进展情况。

(2) 本辖区面临风险的性质和大小。

(3) 本辖区现有应急响应能力。

(4) 应急演练成本及资金筹措状况。

(5) 有关政府部门对应急演练工作的态度。

(6) 应急组织投入的资源状况。

(7) 国家及地方政府部门颁布的有关应急演练的规定。

应急预案应每年进行1～2次演练，以提高应急组织领导现场应急指挥协调的能力和应急救援队伍的响应速度。

## 三、演练的参与人员

按照演练过程中扮演的角色和承担的任务，可将应急演练参与人员分为如下五类：

（1）参演人员

参演人员是指承担具体任务，对演练情景或模拟事件做出真实情景响应行动的人员。具体任务：

1）救助伤员或被困人员。

2）保护财产或公众健康。

3）获取并管理各类应急资源。

4）与其他应急人员协同处理重大事故或紧急事件。

（2）控制人员

控制人员是指控制演练时间进度的人员。具体任务：

1）确保演练项目得到充分进行，以利评价。

2）确保演练任务量和挑战性。

3）确保演练进度。

4）解答参演人员的疑问和问题。

5）保障演练过程安全。

（3）模拟人员

模拟人员是指在演练过程中扮演、替代正常情况或紧急情况下应与应急指挥中心、现场应急指挥所相互作用的机构或服务部门的人员，或模拟紧急事件、事态发展的人员。具体任务：

1）扮演、替代与应急指挥中心、现场应急指挥相互作用的机构或服务部门。

2）模拟事故的发生过程（如释放烟雾模拟火灾、模拟气象条件、模拟爆炸等）。

3）模拟受害或受影响人员。

（4）评价人员

评价人员是指负责观察演练进展情况并予以记录的人员。主要任务：

1）观察参演人员的应急行动，并记录观察结果。

2）协助控制人员确保演练计划进行。

（5）观摩人员

观摩人员是指来自有关部门、外部机构及旁观演练过程的观众。

五类人员在演练过程中都有着重要的作用。演练人员对演练情景中的事件或模拟紧急情况做出应急响应，控制人员通过发布控制消息，确保演练按照演练方案的要求进行，模拟人员模拟事故发生情况和应急响应行动；评价人员收集与演练相关的事实、时间、事件及其他各类详细情况，评估演练人员、应急组织表现的观摩人员，尤其是来自相关或邻近社区负责应急管理或响应工作的人员，可从旁观过程中吸取经验和教训。

## 四、应急演练目标及其分类

### 1. 应急演练目标

应急演练目标是指检查演练效果，评价应急组织、人员应急准备状态和能力的指标。下述 18 项演练目标基本涵盖了在企业重大事故应急准备过程中，应急和机构、组织和人员应展示出的各种能力。企业在设计演练方案时应围绕这些演练目标展开。

目标 1　应急动员

展示通知应急组织，动员应急响应人员的能力。本目标要求责任方应具备在各种情况下警告、通知和动员应急响应人员的能力，以及启动应急设施和为应急设施调配人员的能力。责任方既要采取系列举措，向应急响应人员发出警报，通知或动员有关应急响应人员各就各位，还要及时启动应急指挥中心和其他应急支持设施，使相关应急设施从正常运转状态进入紧急运转状态。

目标 2　指挥和控制

展示指挥、协调和控制应急响应活动的能力。本目标要求责任方应具备应急过程中控制所有响应行动的能力。事故现场指挥人员、应急指挥中心指挥人员和应急组织、行动小组负责人员都应按应急预案要求，建立事故指挥体系（ICS），展示指挥和控制应急响应行动的能力。

目标3　事态评估

展示获取事故信息，识别事故原因和致害物，判断事故影响范围及其潜在危险的能力。本目标要求应急组织具备主动评估事故危险性的能力。即应急组织应具备通过各种方式和渠道，积极收集、获取事故信息，评估、调查人员伤亡和财产损失、现场危险性及危险品泄漏等有关情况的能力；具备根据所获信息，判断事故影响范围，以及对居民和环境的中长期危害的能力；具备确定进一步调查所需资源的能力；具备及时通知国家、省及其他应急组织的能力。

目标4　资源管理

展示动员和管理应急响应行动所需资源的能力。本目标要求应急组织具备根据事态评估结果，识别应急资源需求的能力，以及动员和整合内外部应急资源的能力。

目标5　通信

展示与所有应急响应地点、应急组织和应急响应人员有效通信交流的能力。本目标要求应急组织建立可靠的主通信系统和备用通信系统，以便与有关岗位的关键人员保持联系。应急组织的通信能力应与应急预案中的要求相一致。通信能力的展示主要体现在通信系统及其执行程序的有效性和可操作性。

目标6　应急设施——装备和信息显示

展示应急设施、装备、地图、显示器材及其他应急支持资料的准备情况。本目标要求应急组织具备足够的应急设施，且应急设施内装备、地图、显示器材和应急支持资料的准备与管理状况能满足支持应急响应活动的需要。

目标7　警报与紧急公告

展示向公众发出警报和宣传保护措施的能力。本目标要求应急组织具备按照应急预案中的规定，迅速完成向一定区域内公众发布应急防护措施命令和信息的能力。

目标8　公共信息

展示及时向媒体和公众发布准确信息的能力。本目标要求责任方具备向公众发布确切信息和行动命令的能力。即责任方应具备协调其他应急组织，确定信息发布内容的能力；具备及时通过媒体发布准确信息，确保公众能及时了解准确、完整和通俗易懂信息的能力；具备控制谣言、澄清不实传言的能力。

目标9　公众保护措施

展示根据危险性质制定并采取公众保护措施的能力。本目标要求责任方具备根据事态发展和危险性质选择并实施恰当公众保护措施的能力，包括选择并实施学生、残障人员等特殊人群保护措施的能力。

目标10　应急响应人员安全

展示监测、控制应急响应人员面临的危险的能力。本目标要求应急组织具备保护应急响应人员安全和健康的能力，主要强调应急区域划分、个体保护装备配备、事态评估机制与通信活动的管理。

目标11　交通管制

展示控制交通流量，控制疏散区和安置区交通出入口的组织能力和资源。本目标要求责任方具备管制疏散区域交通道口的能力，主要强调交通控制点设置、执法人员配备和路障清除等活动的管理。

目标12　人员登记、隔离与去污

通过人员登记、隔离与消毒过程，展示监控与控制紧急情况的能力。本目标要求应急组织具备在适当地点（如接待中心）对疏散人员进行污染监测、去污和登记的能力，主要强调与污染监测、去污和登记活动相关的执行程序、设施、设备和人员情况。

目标13　人员安置

展示收容被疏散人员的程序、安置设施和装备，以及服务人员的准备情况。本目标要求应急组织具备在适当地点建立人员安置中心的能力。人员安置中心一般设在学校、公园、体育场馆及其他建筑设施中，要求可提供生活必备条件，如避难所、食品、厕所、医疗与健康服务等。

目标 14　紧急医疗服务

展示有关转运伤员的工作程序，交通工具、设施和服务人员的准备情况，以及医护人员、医疗设施的准备情况。本目标要求应急组织具备将伤病人员运往医疗机构的能力和为伤病人员提供医疗服务的能力。转运伤病人员既要求应急组织具备相应的交通运输能力，也要求具备确定伤病人员运往何处的决策能力。医疗服务主要是指医疗人员接收伤病人员的所有响应行动。

目标 15　24 小时不间断应急

展示保持 24 小时不间断的应急响应能力。本目标要求应急组织在应急过程中具备保持 24 小时不间断运行的能力。重大事故应急过程可能需坚持 1 日以上的时间，一些关键应急职能需维持 24 小时的不间断运行，因而责任方应能安排两班人员轮班工作，并周密安排接班过程，确保应急过程的持续性。

目标 16　增援（国家、省及其他地区）

展示识别外部增援需求的能力和向国家、省及其他地区的应急组织提出外部增援要求的能力。本目标要求应急组织具备向国家、省及其他地区请求增援，并向外部增援机构提供资源支持的能力。主要强调责任方应及时识别增援需求、提出增援请求和向增援机构提供支持等活动。

目标 17　事故控制与现场恢复

展示采取有效措施控制事故发展和恢复现场的能力。本目标要求应急组织具备采取针对性措施，有效控制事故发展和清理、恢复现场的能力。事故控制是指应急组织应及时扑灭火源或遏制危险品溢漏等不安全因素，以避免事态进一步恶化。现场恢复是指应急组织为保护居民安全健康，在应急响应后期采取的清理现场污染物，恢复主要生活服务设施，制定并实施人员重入、返回与避迁措施等一系列活动。

目标 18　文件资料与调查

展示为事故及其应急响应过程提供文件资料的能力。本目标要求应急组织具备根据事故及其应急响应过程中的记录、日志等文件资料，调查分析事故原因并提出应急不足改进建议的能力。从事故发生到应急响应过程基本结束，参与应急的各类应急组织应按有关法律法规和应急预案中的规定，执行记录保存、报告编写等工作程序和制度，保存与事故相关的记录、日志及报告等文件资料，供事故调查及应急响应分析使用。

**2. 演练目标分类**

单次演练并不要求全部展示上述 18 项目标的符合情况，也不要求所有应急组织全面参与演练的各类活动，但企业为检验和评价其重大事故应急能力，应在一段时间内对这 18 项应急演练目标进行全面的演练。根据应急演练目标性质与演练频次要求，可将这些目标分为 A、B、C 三类。

A 类目标。A 类目标包括目标 1 至目标 8，是应急演练的核心目标，反映企业有效应对重大突发事故所必需的应急准备能力。根据应急预案的规定，所有承担相应职责的应急组织都应参与每两年一次的全面演练，并在每次应急演练中展示相对应的应急演练目标。

B 类目标。B 类目标包括目标 9 至目标 14，反映企业重大突发事故的应急响应能力。在每两年一次的全面演练中，应有一些应急组织对这些目标进行演练，具体参与演练的组织取决于演练事件和演示范围。B 类目标与 A 类目标的不同点在于所有应急组织都应在每两年一次的演练中展示 A 类目标，而 B 类目标要求对其负责的应急组织每六年演练一次即可。

C 类目标。C 类目标包括目标 15 至目标 18，反映企业应对重大突发事故的应急准备能力。承担相应职责的应急组织应当至少每六年演练一次。

## 第三节 应急演练的准备

企业应建立应急演练策划小组，由其完成应急准备阶段，包括编写演练方案、制定现场规则等在内的各项任务。

### 一、成立应急演练策划小组

演练指挥机构是演练的领导机构，是演练准备与实施的策划部门，对演练实施全面控制，其主要职责如下。

（1）确定演练目的、原则、规模、参演的部门；确定演练的性质与方法，选定演练的地点与时间，规定演练的时间尺度和公众参与的程度。

（2）协调各参演单位之间的关系。

（3）确定演练实施计划、情景设计与处置方案，审定演练准备工作计划、导演人员和调整计划。

（4）检查和指导演练的准备与实施，解决准备与实施过程中所发生的重大问题。

（5）组织演练总结与评价。

指挥机构成员应熟悉所演练功能、演练目标和各项目标的演示范围等要求。演练人员不得参与指挥机构，更不能参与演练方案的设计。指挥机构组建后，应任命其中一名成员为指挥机构负责人。在较大规模的功能演练或全面演练时，指挥机构内部应有适当分工，设立专业分队，分别负责上述事项。

### 二、编写演练方案

演练方案应以演练情景设计为基础。演练情景是指对假想事故按其发生过程进行叙述性的说明，情景设计就是针对假想事故的发展过程，设计出一系列的情景事件，包括重大事件和次级事件，目的是通过引入这些需要应急组织做出相应响应行动的事件，刺激演练不断进行，从而全面检验演练目标。演练情景中必须说明何时、何地、发生何种事故及被影响区域、气象条件等事项，即必须说明事故情景。演练人员在演练中的一切对策活动及应急行动，主要针对假想事故及其变化而产生，事故情景的作用在于为演练人员的演练活动提供初始条件并说明初始事件的有关情况。事故情景可通过情景说明书加以描述。情景事件主要通过控制消息通知演练人员，消息的传递方式主要有电话、无线通信、传真、手工传递或口头传达等。

情景设计过程中，策划小组应考虑如下注意事项：

(1) 编写演练方案或设计演练情景时，应将演练参与人员、公众的安全放在首位。

(2) 负责编写演练方案或设计演练情景的人员，必须熟悉演练地点及周围各种有关情况。

(3) 设计演练情景时应尽可能结合实际情况，具有一定的真实性。

(4) 情景事件的时间尺度可以与真实事故的时间尺度相一致。

(5) 设计演练情景时应详细说明气象条件，如果可能，应使用当时当地的气象条件，必要时也可根据演练需要假设气象条件。

(6) 设计演练情景时应慎重考虑公众卷入的问题，避免引起公众恐慌。

(7) 设计演练情景时应考虑通信故障问题，以检测备用通信系统。

(8) 设计演练情景时应对演练顺利进行所需的支持条件加以说明。

(9) 演练情景中不得包含任何可降低系统或设备实际性能，影响真实紧急情况检测和评估结果，减损真实紧急情况响应能力的行动或情景。

演练方案主要包括下述演练文件：

**1. 情景说明书**

情景说明书的主要作用是描述事故情景，为演练人员的演练活动提供初始条件和初始事件。情景说明书主要以口头、书面、广播、视频或其他音频方式向演练人员说明，并包括如下内容：发生何种事故或紧急事件，事故或紧急事件的发展速度、强度与危险性，信息传递方式，采取了哪些应急响应行动，已造成的人员伤亡和财产损失情况，事故或紧急事件的发展过程，事故或紧急事件发生时间，是否预先发出警报，事故或紧急事件发生的地点，事故或紧急事件发生时的气象条件等与演练情景相关的影响因素。

**2. 演练计划**

演练的目的在于检验和提高应急组织的总体应急响应能力，使应急响应人员将已经获得的知识和技能与应急实际相结合。为确保演练成功，策划小组应事先制定演练计划。演练计划的主要内容包括：演练适用范围、总体思想和原则；演练假设条件、人为事项和模拟行动；演练情景，含事故说明书、气象及其他背景信息；演练目标、评价准则及评价方法；演练程序；控制人员、评价人员的任务及职责；演练所需的必要支撑条件和工作步骤。

**3. 评价计划**

评价计划是对演练计划中演练目标、评价准则及评价方法的扩展。内容主要是对演练目标、评价准则、评价工具及资料、评价程序、评价策略、评价组组成，以及评价人员在演练准备、实施和总结阶段的职责和任务的详细说明。

**4. 情景事件总清单**

情景事件总清单是指演练过程中需引入情景事件（包括重大事件或次级事件）按时间顺序的列表，其内容主要包括情景事件及其控制消息和期望行动，以及传递控制消息的时间或时机。情景事件总清单主要供控制人员管理演练过程使用，其目的是确保控制人员了解情景事件应何时发生、应何时输入控制消息等信息。

**5. 演练控制指南**

演练控制指南是指有关演练控制、模拟和保障等活动的工作程序和职责的说明。该指南主要供控制人员和模拟人员使用，其用途是向控制人员和模拟人员解释与他们相关的演练思想，制定演练控制和模拟活动的基本原则，说明支持演练控制和模拟活动顺利进行的通信联系、后勤保障和行政管理机构等事项。

**6. 演练人员手册**

演练人员手册是指向演练人员提供的有关演练具体信息、程序的说明文件。演练人员手册中所包含的信息均是演练人员应当了解的信息，但不包括应对其保密的信息，如情景事件等。

**7. 通讯录**

通讯录是指记录关键演练人员通信联络方式及其所在位置等信息的文件。

## 三、制定演练现场规则

演练现场规则是指为确保演练安全而制定的，对有关演练和演练控制、参与人员职责、实际紧急事件、法规符合性、演练结束程序等事项的规定或要求。演练安全既包括演练参与人员的安全，也包括公众和环境的安全。确保演练安全是演练策划过程中的一项极其重要的工作，策划小组应制定演练现场规则。该规则中应包括如下方面的内容：

（1）演练过程中所有消息或沟通必须以“这是一次演练”作为开头或结束语，事先不通知开始日期的演练必须有足够的安全监督措施，以便保证演练人员和可能受其影响的人员都知道这是一次模拟紧急事件。

(2) 参与演练的所有人员不得采取降低保证本人或公众安全条件的行动，不得进入禁止进入的区域，不得接触不必要的危险，也不使他人遭受危险，无安全管理人员陪同时不得穿越高速公路、铁道或其他危险区域。

(3) 演练过程中不得把假想事故、情景事件或模拟条件错当成真的，特别是在可能使用模拟的方法来提高演练真实程度的那些地方，如使用烟雾发生器、虚构伤亡事故和灭火地段等，当计划这种模拟行动时，事先必须考虑可能影响设施安全运行的所有问题。

(4) 演练不应要求承受极端的气候条件（不要达到可以称为自然灾害的水平）、高辐射或污染水平，不应为了演练需要的技巧而污染大气或造成类似危险。

(5) 参演的应急响应设施、人员不得预先启动、集结，所有演练人员在演练事件促使其做出响应行动前应处于正常的工作状态。

(6) 除演练方案或情景设计中列出的可模拟行动及控制人员的指令外，演练人员应将演练事件或信息当作真实事件或信息做出响应，应将模拟的危险条件当作真实情况采取应急行动。

(7) 所有演练人员应当遵守相关法律法规，服从执法人员的指令。

(8) 控制人员应仅向演练人员提供与其所承担功能有关并由其负责发布的信息，演练人员必须通过现有紧急信息获取渠道了解必要的信息，演练过程中传递的所有信息都必须具有明显标志。

(9) 演练过程中不应妨碍发现真正的紧急情况，应同时制定发现真正紧急事件时可立即终止、取消演练的程序，迅速、明确地通知所有响应人员从演练到真正应急的转变。

(10) 演练人员没有启动演练方案中的关键行动时，控制人员可发布控制消息，指导演练人员采取相应行动；也可提供现场培训活动，帮助演练人员完成关键行动。

### 四、培训评价人员

指挥机构应确定演练所需评价人员数量和应具备的专业技能，指定评价人员，分配各自所负责评价的应急组织和演练目标。评价人员应对应急演练和演练评价工作有一定的了解，并具备较好的语言和文字表达能力，必要的组织和分析能力，以及处理敏感事务的行政管理能力。评价人员数量根据应急演练规模和类型而定，对于参演应急组织、演练地点和演练目标较少的演练，评价人员数量需求也较少；反之，对于参演应急组织、演练地点和演练目标较多的演练，评价人员数量也随之增加。

## 第四节　演练组织

### 一、演练前的组织工作

应急预案的演练，平时以单项训练为主，事故在应急指挥部的指挥和安排下进行。在应急演练程序中应注明训练和演练的类型与频率，以及训练演练的组织、指导、评价等具体步骤。在进行演练前，必须做好下列组织工作的准备：

(1) 制定完整的演练计划，确定演练项目，确定考核评价人员。

(2) 做好演练中所有管理部门的准备工作，尤其是救援队的每个队员，都应该参加，并让担任主要任务的人最好在不同的演练课目中承担多个角色，从而能使更多的人得到实际的锻炼。

(3) 现场外的应急队员与应急部门的准备。

应急演练为应急人员提供一次实战模拟训练，使应急人员熟悉必需的应急操作，并积累应急工作经验，为真正的事故应急行动提供宝贵的经验保证。应急演练必须定期举行，但间隔的长短根据实际情况而定。

应急演练结束后，评价小组应对演练的每一个程序给出考核评价，演练后与演练者共同进行讲评和总结。演练后的讲评是每个演练者的再次学习和全面提高的好机会，要求每个演练者都要参加演练后的讲评。对组织指挥者来说，通过讲评可以发现事故应急救援预案中的问题，并可以从中找到改进的措施，把预案提高到一个新的水平。

## 二、应急演练

应急演练阶段是指从宣布初始事件起到演练结束的整个过程，演练活动始于报警消息。演练阶段，参演应急组织和人员应尽可能按实际紧急事件发生时的响应要求进行演示，即“自由演示”，由参演应急组织和人员根据自己对最佳解决办法的理解做出响应行动。策划小组负责人的作用主要是宣布演练开始、结束和解决演练过程中的矛盾。控制人员的作用主要是向演练人员传递控制消息，提醒演练人员终止对情景演练具有负面影响或超出演示范围的行动，提醒演练人员采取必要行动以正确展示所有演练目标，终止演练人员不安全的行为，延迟或终止情景事件的演练。演练过程中参演的应急组织和人员应遵守当地相关的法律法规和演练现场规则，确保演练安全进行；如果演练偏离正确方向，控制人员可以采取“刺激行动”以纠正错误。“刺激行动”包括终止演练过程。使用“刺激行动”时应尽可能平缓，以诱导方法纠偏；只有对背离演练目标的“自由演示”，才使用强刺激的方法使其中断反应。

# 第五节　应急演练的评价、总结与追踪

## 一、演练评价

演练评价是指观察和记录演练活动、比较演练人员表现与演练目标要求，并提出演练发现的过程。演练评价的目的是确定演练是否达到演练目标要求，检验各应急组织指挥人员及应急响应人员完成任务的能力。要全面、正确地评价演练效果，必须在演练覆盖区域的关键地点和各参演应急组织的关键岗位上，派驻公正的评价人员。评价人员的作用主要是观察演练的进程，记录演练人员采取的每一项关键行动及其实施时间，访谈演练人员，要求参演应急组织提供文字材料，评价参演应急组织和演练人员的表现并反馈演练发现。

应急演练评价方法是指演练评价过程中的程序和策略，包括评价组组成方式、评价目标与评价标准。评价目标是指在演练过程中要求演练人员展示的活动和功能，可与演练目标相一致。评价标准是指供评价人员对演练人员各个主要行动及关键技巧的评判指标，这些指标应具有可测量性。

演练发现是指通过演练评价过程，发现应急救援体系、应急预案、应急执行程序或应急组织中存在的问题。按对人员生命安全的影响程度可将演练发现划分为 3 个等级，从高到低分别为不足项、整改项和改进项。

不足项是指演练过程中观察或识别出的，可能导致场外应急准备工作在紧急事件发生时不足以确保应急组织或应急救援体系有能力采取合理应对措施，保护附近公众生命安全健康的不完备。不足项应在规定的时间内予以纠正。演练发现确定为不足项时，策划小组负责人应对该不足项详细说明，并给出纠正措施建议和完成时限。最有可能导致不足项的应急预案编制要素包括：职责分配，应急资源，警报、通报方法与程序，通信，事态评估，公众信息，保护措施，应急响应人员安全和紧急医疗服务。

整改项是指演练过程中观察或识别出的，单独并不可能对公众生命安全健康造成不良影响的不完备。整改项应在下次演练时予以纠正。两种情形的整改项可列为不足项：

（1）某个应急组织中存在两个以上整改项，共同作用可妨碍为公众生命安全健康提供足够的保护。

（2）某个应急组织在多次（两次以上）演练过程中，反复出现前次演练识别出的整改项。

改进项是指应急准备过程中应予改善的问题。改进项不同于不足项和整改项，一般不会对人员生命安全健康产生严重影响，因此，不必要求对其予以纠正。

## 二、应急演练总结与追踪

演练结束后，进行总结与讲评是全面评价演练是否达到演练目标、应急准备水平及是否需要改进的一个重要步骤，也是演练人员进行自我评价的机会。演练总结与讲评可以通过访谈、汇报、协商、自我评价、公开会议和通报等形式完成。

策划小组负责人应在演练结束规定期限内，根据评价人员演练过程中收集和整理的资料，以及演练人员和公开会议中获得的信息，编写演练报告并提交给有关政府部门。演练报告是对演练情况的详细说明和对该次演练的评价。演练报告中应包括如下内容：

（1）本次演练的背景信息，含演练地点、时间、气象条件等。

（2）参与演练的应急组织。

（3）演练情景与演练方案。

(4) 演练目标、演示范围和签订的演示协议。

(5) 应急情况的全面评价，含对前次演练不足项在本次演练中表现的描述。

(6) 演练发现与纠正措施建议。

(7) 对应急预案和有关执行程序的改进建议。

(8) 对应急设施、设备维护与更新方面的建议。

(9) 对应急组织、应急响应人员能力与培训方面的建议。

追踪是指策划小组在演练总结与讲评过程结束之后，安排人员督促相关应急组织继续解决其中尚待解决的问题或事项的活动。为确保参演应急组织能从演练中取得最大益处，策划小组应对演练发现进行充分研究，确定导致该问题的根本原因、纠正方法、纠正措施及完成时间，并指定专人负责对演练发现中的不足项和整改项的纠正过程实施追踪，监督检查纠正措施的进展情况。

# 第五章 煤矿事故应急响应

煤矿企业生产安全事故的应急响应工作是一个复杂的系统工程，每一个环节可能需要牵涉方方面面的政府部门和救援力量。依据属地为主、分级响应原则，当地人民政府负责人和有关部门及煤矿企业有关人员组成现场应急救援指挥部，具体领导、指挥煤矿事故现场应急救援工作。

## 第一节　应急响应分级标准

按照事故灾难的可控性、严重程度和影响范围，将煤矿事故应急响应级别分为Ⅰ级（特别重大事故）响应、Ⅱ级（重大事故）响应、Ⅲ级（较大事故）响应、Ⅳ级（一般事故）响应等。

出现下列情况时启动Ⅰ级响应：造成或可能造成 30 人以上死亡，或造成 100 人以上中毒、重伤，或造成 1 亿元以上直接经济损失，或特别重大社会影响等。

出现下列情况时启动Ⅱ级响应：造成或可能造成 10～29 人死亡，或造成 50～100 人中毒、重伤，或造成 5 000 万～1 亿元直接经济损失，或重大社会影响等。

出现下列情况时启动Ⅲ级响应：造成或可能造成 3～9 人死亡，或造成 30～50 人中毒、重伤，或直接经济损失较大，或较大社会影响等。

出现下列情况时启动Ⅳ级响应：造成或可能造成1～3人死亡，或造成30人以下中毒、重伤，或一定社会影响等。

## 一、信息报告和处理

(1) 煤矿企业发生事故后，现场人员要立即开展自救和互救，并立即报告本单位负责人。

(2) 煤矿企业负责人接到事故报告后，应迅速组织救援，并按照国家有关规定立即如实报告当地人民政府和有关部门。

中央直属企业在上报当地政府的同时上报国家安全生产监督管理总局和企业总部。

(3) 地方人民政府和有关部门接到事故报告后，应当按照规定逐级上报。事故灾难发生地的省（区、市）人民政府应当在接到特别重大事故信息报告后2 h内，向国务院报告，同时抄送国家安全生产监督管理总局。

地方各级人民政府和有关部门应当逐级上报事故情况，并应当在2 h内报告至省（区、市）人民政府，紧急情况下可越级上报。

(4) 国家安全生产监督管理总局调度统计司实行24 h值班制度，接收全国煤矿事故报告信息。

(5) 国家安全生产监督管理总局调度统计司接到重大（Ⅱ级）煤矿事故灾难报告后，要立即报告国家安全生产监督管理总局分管领导并通报应急指挥中心。接到特别重大（Ⅰ级）煤矿事故灾难报告后，要立即报告国家安全生产监督管理总局局长，通报应急指挥中心和领导小组成员单位。国家安全生产监督管理总局办公厅及时报告国务院办公厅。

## 二、分级响应程序

事故发生后，发生事故的企业及其所在地政府立即启动应急预案，并根据事故等级及时上报。

发生Ⅰ级事故及险情，启动本预案及以下各级预案。Ⅱ级及以下事故应急响应行动的组织实施由省级人民政府决定。Ⅲ级及以下事故，应急响应行动由市（地）、县（市）级政府启动与组织实施。地方各级人民政府根据事故灾难或险情的严重程度启动相应的应急预案，超出本级应急救援处置能力时，及时报请上一级应急救援指挥机构启动上一级应急预案实施救援。

**1. Ⅳ级事故应急响应**

当发生Ⅳ级事故时，煤矿企业可根据事故严重程度和危害区域，采取不同的应急处理措施，一般来说，煤矿企业Ⅳ级事故应急响应行动还可分为三级，见表5—1，其分级响应步骤如图5—1所示。

**表5—1　煤矿企业生产安全事故应急救援行动分级**

| 应急响应等级 | 定义 | 可能发生状况 |
| --- | --- | --- |
| 一级应急 | 灾情由现场人员控制，只需要疏散附近人员。应急系统待命状态 | 一般电气火灾、局部冒顶 |
| 二级应急 | 较严重灾情，现场人员不能控制灾情，应急系统立即行动控制灾情 | 顶板大面积来压、采空区积水溃出 |
| 三级应急 | 发生重大事故，企业内应急系统不足以控制灾情，需要企业外救援力量支援。井下人员全部撤离 | 瓦斯爆炸、煤与瓦斯突出<br>透水事故、冲击地压 |

**2. Ⅲ级事故应急响应**

发生Ⅲ级煤矿事故灾难时，县、市级人民政府立即启动应急预案，组织实施应急救援，并按下列程序和内容响应。

（1）县煤矿重特大事故应急救援指挥部接到煤矿重特大事故报告后，由指挥长或授权副指挥长宣布启动应急救援预案。

（2）指挥部办公室立即通知县煤矿重特大事故应急领导组成员单位，要求其立即启动本部门的应急救援行动预案，并积极做好准备，及时赶赴现场，县煤矿重特大事故应急救援指挥部指挥长或委

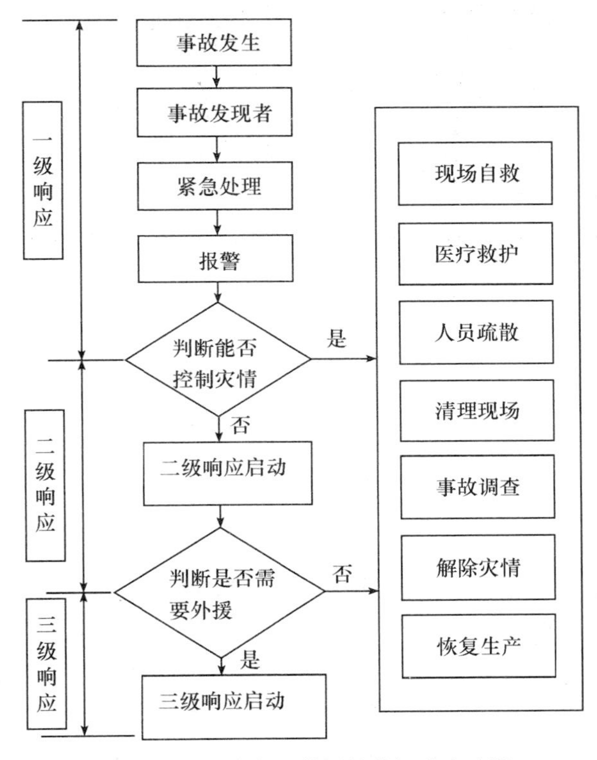


图 5—1 事故应急救援的分级响应步骤

托的副指挥长担任现场应急救援指挥长，负责应急救援协调指挥工作。

(3) 县、市人民政府成立相应工作机构，做好服务和后勤工作。

(4) 应急救援指挥中心下达救援指令，各有关部门、成员单位、有关专家、专业救援队伍按照应急预案、各自的职责分工，开展救援工作。

**3. Ⅱ级事故应急响应**

发生重大（Ⅱ级）煤矿事故灾难时，省级人民政府立即启动应急预案，组织实施应急救援，并按下列程序和内容响应。

（1）省安全生产监督管理局接到重大事故报告后，立即向领导小组组长和有关成员单位报告事故情况，领导小组主要成员到位；向事故发生地传达领导小组组长关于应急救援的指导意见。同时，立即报告省安全生产应急救援指挥中心、省政府应急管理办公室、国家安全生产应急救援指挥中心、国家安全生产监督管理总局。

（2）省煤矿事故应急救援工作领导小组和省安全生产应急救援指挥中心办公室根据事故类别、事故地点和救援工作的需要，立即通知成员单位、相关专家、专业救援队伍、医疗救护中心、煤矿抢险排水站等，做好相应准备。同时，应急指挥中心及时掌握事态发展和现场救援情况，及时向领导小组组长汇报。

（3）煤矿监管处与专家整理事故情况及相关资料等，为领导小组制定《救援实施方案》提供基础信息。

（4）指挥中心下达救援指令，各有关部门、成员单位、有关专家、专业救援队伍按照应急预案和《救援实施方案》、各自的职责分工，开展救援工作。

（5）随时向省政府应急救援管理办公室、省安全生产应急救援指挥中心和国家安全生产应急救援指挥中心、国家安全生产监督管理总局续报事故和救援进展情况。

**4. Ⅰ级事故应急响应**

发生特别重大（Ⅰ级）煤矿事故灾难时，国家安全生产监督管理总局启动本预案，按下列程序和内容响应。

（1）调度统计司接到事故报告后，立即报告领导小组组长并通知应急指挥中心。

（2）根据领导小组组长指示，立即通知领导小组成员单位负责人到调度统计司集合。

（3）调度统计司和应急指挥中心进一步了解事故情况，整理事故相关资料和图纸等，为领导小组决策提供基础资料。

（4）领导小组研究、决策救援方案，确定委派现场工作组和救援专家组人选，各成员单位按照应急救援方案认真履行各自的职责。

(5) 根据救援工作的需要，协调调动国家级煤矿救援基地的救援力量增援。对于矿井瓦斯煤尘事故、大型火灾事故，可调动国家级煤矿救援基地的大型装备实施救灾；对于特大水灾或顶板事故，可调动煤矿抢险排水站的大型排水设备和煤炭地质局的深孔钻机实施救灾。

(6) 根据受伤人员情况，协调调动国家级煤矿医疗救护中心专家组奔赴现场，加强医疗救护的指导和救治。

(7) 及时向国务院上报事故和救援工作进展情况，并适时向媒体公布。

## 三、指挥和协调

(1) 煤矿事故救援指挥遵循属地为主的原则，按照分级响应原则，当地人民政府负责人和有关部门及煤矿企业有关人员组成现场应急救援指挥部，具体领导、指挥煤矿事故现场应急救援工作。

(2) 企业成立事故现场救援组，由企业负责人、煤矿救护队队长等组成现场救援组，矿长担任组长负责指挥救援。

(3) 国家安全生产监督管理总局统一协调、指挥特别重大事故（Ⅰ级）应急救援工作，主要内容是：

①指导、协调地方人民政府组织实施应急救援。

②协调、调动国家级煤矿救援基地的救援力量，调配国家煤矿应急救援资源。

③协调、调动国家安全生产监督管理总局煤矿医疗救护中心的救护力量和医疗设备，加强指导救护、救助工作。

④派工作组赴现场指导煤矿事故灾难应急救援工作。

⑤组织煤矿应急救援专家组，为现场应急救援提供技术支持。

⑥及时向国务院报告事故及应急救援进展情况。

## 四、现场紧急处置

（1）现场处置主要依靠地方政府及企业应急处置力量，事故发生后，事故单位和当地政府首先组织职工、群众开展自救、互救，并通知有关专业救援机构。

（2）事故单位负责人要充分利用本单位和就近社会救援力量，立即组织实施事故的应急救援工作，组织本单位和就近医疗救护队伍抢救现场受伤人员。根据煤矿事故的危害程度，及时报告当地政府，疏散、撤离可能受到事故波及的人员。

（3）当地政府要迅速成立现场应急救援指挥部，制定事故的应急救援方案并组织实施，根据需要，及时修订救援方案。

（4）当地救援力量不足时，现场应急救援指挥部应向上级煤矿应急救援组织提出增援请求。

（5）当地医疗机构的救护能力不足时，现场应急救援指挥部应向上级政府或上级煤矿应急救援组织请求，调动外地的医学专家、医疗设备前往现场加强救护，或将伤者迅速转移到外地救治。

（6）参加应急救援的队伍和人员在现场应急救援指挥部统一指挥、协调下，进行应急救援和处置工作。

（7）当地政府、现场应急救援指挥部负责组织力量清除事故矿井周围和抢险通道上的障碍物。当地政府组织公安、武警、交通管理等部门开辟抢险救灾通道，保障应急救援队伍、物资、设备的畅通无阻。

（8）根据事态发展变化情况，出现急剧恶化的特殊险情时，现场应急救援指挥部在充分考虑专家和有关方面意见的基础上，依法采取紧急处置措施。涉及跨省（区、市）、跨领域影响严重的紧急处置方案，由国家安全生产监督管理总局协调实施，影响特别严重的报国务院决定。

（9）在煤矿事故救援过程中，出现继续进行抢险救灾对救援人员的生命有直接威胁，极易造成事故扩大化，或没有办法实施救援，或没有继续实施救援的价值等情况时，经过煤矿应急救援专家组充分论证，提出中止救援的意见，报现场应急救援指挥部决定。

## 五、救援人员的安全防护

在抢险救灾过程中，专业或辅助救援人员，根据煤矿事故的类别、性质，要采取相应的安全防护措施。救援井工煤矿事故必须由专业煤矿救护队进行，严格控制进入灾区人员的数量。所有应急救援工作人员必须佩戴安全防护装备，才能进入事故救援区域实施应急救援工作。所有应急救援工作地点都要安排专人检测气体成分、风向和温度等，保证工作地点的安全。

## 六、信息发布

国家安全生产监督管理总局是煤矿事故灾难信息的指定来源。国家安全生产监督管理总局负责煤矿事故灾难信息对外发布工作。必要时，国务院新闻办派员参加事故现场应急救援指挥部工作，负责指导协调煤矿事故灾难的对外报道工作。

## 七、应急结束

事故现场得以控制，环境符合有关标准，导致次生、衍生事故隐患消除后，经现场应急救援指挥部确认和批准，现场应急处置工作结束，应急救援队伍撤离现场。煤矿事故灾难善后处置工作完成后，现场应急救援指挥部组织完成应急救援总结报告，报送国家安全生产监督管理总局和省（区、市）人民政府，省（区、市）人民政府宣布应急处置结束。

## 第二节　煤矿生产安全事故应急响应工作原则

煤矿生产安全重大事故的应急响应分为三阶段：

（1）突发事件或事故发生的第一时间（几十分钟）。

（2）事故发生后的1～2天，在此期间，事故应急救援往往由企业负责进行。

（3）相关领导和专家到达现场后。

突发事件或事故发生的第一时间（几十分钟），是避免或减少灾害或继发性灾害损失的最关键时期，因此，应急响应必须首先遵循反应迅速和措施正确的选择；在相关领导和专家到达现场之前，企业要积极开展自救，尽力减少损失。

**1. 反应迅速和措施正确**

反应迅速和措施正确是事故应急救援的关键。所谓反应迅速是指迅速查清事故发生的位置、环境、规模及可能发生的危害，迅速沟通应急领导机构、应急队伍、辅助人员及现场人员之间的联络；迅速启动各类应急设施，调动应急人员奔赴灾区；迅速组织医疗、后勤、保卫等队伍各司其职，迅速通报灾情，通知本矿区和外矿区做好各项必要准备工作，当事故波及范围较大时，应请求当地政府启动场外事故应急处理预案，以得到必要的救援。

措施正确是指保护或设置好避灾通道和安全联络设备，撤离现场人员。无法开设安全通道时，应开辟安全避难所，并采取必要的自救措施；力争迅速消灭事故，并注意采取隔离灾区的措施，转移灾区附近的易引起灾害蔓延的设备和物品；撤离或保护好贵重设备，尽量减少损失，进行普遍的安全检查，防止死灰复燃及二次事故发生。

**2. 积极开展自救**

多数事故在发生初期，一般波及范围与危害作用都是较小的，这往往是消灭事故、减少损失的最有利时机。事故刚刚发生，救护队也很难及时到达，现场人员如何保护自己，组织自救是极为必要的。

（1）发生事故时现场人员的行动原则

出现事故时，现场人员应尽量了解或判断事故的性质、地点与灾害程度，并迅速报告给矿调度人员，同时在保证人员安全前提下，尽可能利用现有的设备和工具材料等进行抢救和自救。如事故造成的危险较大，难以消除时，就应由在场负责人或有经验的老工人带领，根据当时当地的实际情况，选择安全路线迅速撤离危险区域。

（2）安全撤退的一般原则

当发生火灾或爆炸事故时，位于事故地点进风侧的人员，应迎着风流撤退，人员位于回风侧时，可佩戴自救设备或湿毛巾，尽量通过捷径较快地绕到新鲜风流中去或顺风流撤退。如路线较长，爆炸波与火焰可能袭来时，则应向下卧倒或俯伏于水沟中，以减轻灼伤。遇到无法撤退（通路冒顶阻塞或有害气体含量大而又无自救器等）时，则应迅速进入预先筑好的或临时构筑的避难硐室，等待营救。对于涌水事故，则应撤退到涌水地点附近的独头巷道中。如独头上山下部的唯一出口已被淹没无法撤退时，则可在独头工作面避难，以免受到涌水伤害。这是因为独头上山附近，空气因水位上升逐渐受到压缩，能保持一定的空间和一定的空气量。如系老塘、老空积水涌出，则须在避难前快速构筑避难硐室，以防被涌出的有害气体所伤害。

（3）避难硐室

避难硐室有两种：一种是预先设置的采区避难硐室，另一种是当事故出现后因地制宜构筑临时性的避难硐室。井下避难所应符合下列要求：

1）避难所位于采掘工作面附近的巷道中，距工作面的距离应根据矿井生产具体条件确定。

2）避难所必须设置隔离闸，避难所净高不得低于 1.8 m，其长度应根据同时避难的最多人数确定。

3）避难所在使用期间必须采用正压排风。

4）避难所内必须设有供给空气设施，供风量按 2 $m^3/h$ 计算。

如果用压缩空气供风时，应有减压装置，并设有闸门控制的呼吸嘴。临时避难硐室是利用工作地点的独头巷道、硐室或两道风门之间的巷道，在事故发生后临时修建的，为此，应事先在上述地点准备好所需的木板、木桩、黏土、沙子或砖等材料，在有压气的条件下，还应装有压气管和阀门。临时避难硐室机动灵活，修筑方便，正确地利用它，往往能对受难人员发挥很好的救护作用。

避难时的注意事项：进入临时避难硐室前，应在硐室外留有衣物矿灯等明显标志，以便于救护队发现。避难时应保持安静，避免不必要的体力消耗与空气消耗，借以延长避难时间，硐室内除留一盏灯照明外，应将其余矿灯关闭。在硐室内可间断地敲打铁器、岩石等发出呼救信号。

## 第三节　救援人员的救护装备

煤矿救护队是处理矿井火、瓦斯、煤尘、水、顶板等灾害的专业队伍；煤矿救护队员是煤矿井下一线特种作业人员，必须配备能够处理煤矿各种灾害事故的技术装备和救灾训练器材，做好个人防护工作，才能从事井下安全技术及救援工作。救护装备主要包括：

（1）个人防护装备。

（2）处理各类灾害事故的专用装备与器材。

（3）煤矿空气成分、温度及其他安全检测分析仪器。

（4）通信器材及信息采集与处理设备。

（5）医疗及急救器材。

（6）交通运输工具。

（7）训练器材等。

## 一、煤矿救护队的装备标准

根据《煤矿安全规程》和《煤矿救护规程》规定，煤矿救护队必须不断更新装备，完善处理事故手段。各级煤矿救护队、辅助救护队及救护队指战员的最低限度技术装备清单见表5—2、表5—3、表5—4、表5—5和表5—6。煤矿救护队小队值班车上最低限度技术装备和进入灾区侦察时所携带的最低限度技术装备，必须符合表5—7、表5—8的规定。煤矿救护小队进入灾区抢救时必须携带的技术装备，由煤矿救护大队根据本区情况、事故性质做出规定。

表5—2　　煤矿救护大队最低限度技术装备清单

| 类别 | 装备名称 | 要求 | 单位 | 数量 | 备注 |
|---|---|---|---|---|---|
| 车辆 | 指挥车 | 轻便、高速 | 辆 | 2～3 | 附有通信警报装置 |
| | 气体化验车 | 面包车（包括化验仪器仪表） | 辆 | 1 | |
| | 装备车 | 4～5 t 卡车 | 辆 | | |
| 通信器材 | 移动电话 | 大队指挥员每人1部 | 部 | 各1 | |
| | 网络化视频指挥系统 | | 套 | 1～2 | |
| | 程控电话 | 带录音 | 部 | 2 | 值班室配备 |
| | 对讲机 | 手提式 | 套 | 1 | |
| 灭火装备 | 惰气灭火装备 | 500 $m^3/min$ | 套 | 1 | |
| | 高倍数泡沫灭火机 | BGP—400型 | 套 | 1～2 | |
| | 惰泡发射器 | | 套 | 1 | |

续表

| 类别 | 装备名称 | 要求 | 单位 | 数量 | 备注 |
|---|---|---|---|---|---|
| 灭火装备 | 石膏喷注机 | | 台 | 2 | |
| | 高扬程水泵 | | 台 | 2 | |
| | 脉冲灭火枪 | | 套 | 2 | |
| 检测仪表 | 气体分析化验设备 | | 套 | 1 | |
| | 红外线烟雾测温仪 | | 台 | 2 | |
| | 便携式爆炸三角形测定仪 | | 台 | 1 | |
| | 多功能气体检测仪 | | 台 | 2 | |
| 信息处理设备 | 计算机 | 大队指挥员、各科室配备 | 台 | 各1 | |
| | 传真机 | | 台 | 1 | |
| | 复印机 | | 台 | 1 | |
| | 数码摄像机 | 防爆 | 台 | 1 | |
| | 数码照相机 | 防爆 | 台 | 1 | |
| 其他 | 钻机 | 直径4 in（101.6 mm） | 套 | 1 | |
| | 演习巷道设施与系统 | 具备灾区环境与条件 | 套 | 1 | |
| | 多功能体育训练器械 | | 套 | 1 | |
| | 多媒体电教设备 | | 套 | 1 | |
| | 生命探测仪 | | 套 | 1～2 | |

**表5—3　　煤矿救护中队最低限度技术装备清单**

| 类别 | 装备名称 | 要求 | 单位 | 数量 | 备注 |
|---|---|---|---|---|---|
| 运输通信 | 煤矿救护车 | 66 kW以上 | 辆 | | 每小队1辆 |
| | 指挥车 | | 辆 | 1 | |
| | 移动电话 | 中队指挥员每人1部 | 部 | | |
| | 灾区电话 | 带录音 | 套 | 2 | |
| | 程控电话 | | 部 | 1 | |
| | 引路线 | | m | 1 000 | 兼做电话线 |

续表

| 类别 | 装备名称 | 要求 | 单位 | 数量 | 备注 |
|---|---|---|---|---|---|
| 个人防护 | 4 h 呼吸器 | 正压 | 台 | 2 | 库存 |
| | 2 h 呼吸器 | 正压 | 台 | 2 | 库存 |
| | 自动苏生器 | | 台 | 2 | 库存 |
| | 自救器 | 压缩氧 | 台 | 30 | 直属中队配备 50 台 |
| | 隔热服 | | 套 | 12 | |
| 灭火装备 | 高倍数泡沫灭火机 | BGP—400 型 | 套 | 1 | |
| | 干粉灭火器 | 8 kg | 个 | 30 | |
| | 风障 | 4 m×4 m | 块 | 2 | |
| | 水枪 | 开花、直流 | 支 | 4 | 各 2 支 |
| | 水龙带 | 直径 2.5 in 和 2 in (63.5 mm 和 50.8 mm) | m | 400 | |
| | 脉冲灭火枪 | | 套 | 1 | |
| 检测仪器 | 呼吸器校验仪 | | 台 | 2 | 库存 |
| | 数字式氧气便携仪 | 中队指挥员每人 1 台 | 台 | | 或用数字式多功能气体检测仪代替 |
| | 数字式 CO 便携仪 | 中队指挥员每人 1 台 | 台 | | |
| | 红外线温度测定仪 | 中队指挥员每人 1 台 | 台 | | |
| | 瓦斯检定器 | 10%、100% | 台 | 4 | 库存各 2 台 |
| | 一氧化碳检定器 | | 台 | 2 | 库存 |
| | 风表 | 中、低速 | 台 | 2 | 各 1 台 |
| | 秒表 | | 块 | 4 | |
| | 干湿温度计 | | 支 | 2 | |
| 装备工具类 | 液压起重器 | | 套 | 1 | |
| | 液压剪刀 | | 把 | 1 | |
| | 防爆工具 | | 套 | 1 | 锤、斧、镐、锹、钎等 |

续表

| 类别 | 装备名称 | 要求 | 单位 | 数量 | 备注 |
| --- | --- | --- | --- | --- | --- |
| 装备工具类 | 氧气充填泵 | | 台 | 2 | |
| | 氧气瓶 | 40 L | 个 | 8 | |
| | 氧气瓶 | 4 h呼吸器用 | 个 | 50 | |
| | 氧气瓶 | 2 h呼吸器用 | 个 | 10 | |
| | 大绳 | 直径30 mm、长30 m | 根 | 2 | |
| | 担架 | | 副 | 2 | 含一副负压多功能担架 |
| | 保温毯 | 棉织 | 条 | 3 | |
| | 快速接管工具 | | 套 | 2 | |
| | 手表 | | 块 | | 副小队长以上指挥员每人1块 |
| | 绝缘手套 | | 副 | 3 | |
| | 体育训练器材 | | 套 | 1 | |
| | 电工工具 | | 套 | 1 | 库存 |
| | 工业冰箱 | 满足中队呼吸器冷却装置用 | 台 | | |
| | 瓦工工具 | | 套 | 1 | 库存 |
| | 灾区指路器 | | 支 | 10 | 或冷光管（库存） |
| 药剂 | 氢氧化钙 | | t | 0.5 | |
| | 泡沫药剂 | | t | 1 | |

表5—4　　煤矿救护小队最低限度技术装备清单

| 装备名称 | 要求 | 单位 | 数量 | 备注 |
| --- | --- | --- | --- | --- |
| 正压氧气呼吸器 | 4 h | 台 | 1 | 备用 |
| 正压氧气呼吸器 | 2 h | 台 | 1 | |
| 自动苏生器 | | 台 | 1 | |
| 呼吸器校验仪 | | 台 | 1 | |

续表

| 装备名称 | 要求 | 单位 | 数量 | 备注 |
| --- | --- | --- | --- | --- |
| 瓦斯检定器 | 10%、100% | 台 | 2 | 各1台 |
| 一氧化碳检定器 |  | 台 | 1 |  |
| 氧气检定器 |  | 台 | 1 |  |
| 数字式瓦斯便携仪 |  | 台 | 2 |  |
| 数字式CO便携仪 |  | 台 | 1 |  |
| 数字式氧气便携仪 |  | 台 | 1 |  |
| 温度计 | 0～100℃ | 支 | 2 |  |
| 采气样工具 |  | 套 | 1 | 其中球胆8个 |
| 灾区电话 |  | 套 | 1 |  |
| 引路线 | 金属芯 | m | 1 000 |  |
| 担架 |  | 副 | 1 |  |
| 保温毯 |  | 条 | 1 |  |
| 铜顶斧 |  | 把 | 2 |  |
| 矿工斧 |  | 把 | 2 |  |
| 刀锯 |  | 把 | 2 |  |
| 氧气瓶 | 4 h呼吸器用 | 个 | 2 | 备用 |
| 氧气瓶 | 2 h呼吸器用 | 个 | 1 |  |
| 起钉器 | 防爆 | 把 | 2 |  |
| 小锹 | 两用防爆 | 把 | 1 |  |
| 小镐 | 防爆 | 把 | 1 |  |
| 帆布水桶 |  | 个 | 2 |  |
| 帆布风障 | 4 m×4 m | 块 | 1 |  |
| 瓦工工具 |  | 套 | 1 |  |
| 电工工具 |  | 套 | 1 |  |
| 急救箱 |  | 个 | 1 | 含药品和负压夹板 |
| 备件袋 |  | 只 | 1 | 呼吸器易损件 |
| 记录本 |  | 本 | 2 |  |

续表

| 装备名称 | 要求 | 单位 | 数量 | 备注 |
| --- | --- | --- | --- | --- |
| 圆珠笔 | | 支 | 2 | |
| 皮尺 | 10 m | 把 | 1 | |
| 卷尺 | 2 m | 把 | 1 | |
| 钉子 | 长 50 mm、100 mm | kg | 1 | 装在包内 |

表 5—5　　煤矿救护队指战员（含辅助救护队）个人最低限度技术装备清单

| 装备名称 | 要求 | 单位 | 数量 | 备注 |
| --- | --- | --- | --- | --- |
| 正压氧气呼吸器 | 4 h | 台 | 1 | |
| 自救器 | 压缩氧 | 台 | 1 | |
| 战斗服 | | 套 | 1 | |
| 胶靴和胶鞋 | | 双 | 1 | |
| 线手套 | | 副 | 1 | |
| 毛巾 | | 条 | 1 | |
| 安全帽 | | 顶 | 1 | |
| 矿灯 | | 盏 | 1 | |
| 灯带 | | 条 | 2 | |
| 背包 | | 个 | 1 | 装战斗服 |
| 联络绳 | 长 2 m | 根 | 1 | 两端带弹簧钩 |
| 氧气呼吸器工具 | | 套 | 1 | |
| 粉笔 | | 支 | 2 | |

表 5—6　　辅助煤矿救护队最低限度技术装备清单

| 装备名称 | 要求 | 单位 | 数量 | 备注 |
| --- | --- | --- | --- | --- |
| 正压氧气呼吸器 | 4 h | 台 | | 每人 1 台 |
| 压缩氧自救器 | | 台 | | 每人 1 台 |
| 自动苏生器 | | 台 | 2 | |
| 干粉灭火器 | | 只 | 20 | |

续表

| 装备名称 | 要求 | 单位 | 数量 | 备注 |
| --- | --- | --- | --- | --- |
| 风障 | 4 m×4 m | 块 | 1 | |
| 风障 | 6 m×6 m | 块 | 1 | |
| 呼吸器校验仪 | | 台 | 2 | |
| 一氧化碳检定器 | | 台 | 2 | |
| 瓦斯检定器 | 10%、100% | 台 | 2 | 各1台 |
| 防爆工具 | | 套 | 1 | 锤、钎、锹、镐等 |
| 两用锹 | | 把 | 2 | |
| 氧气充填泵 | | 台 | 1 | |
| 氧气瓶 | 40 L | 个 | 5 | |
| 氧气瓶 | 2 L | 个 | 30 | |
| 氧气瓶 | 1 L | 个 | 10 | |
| 大绳 | | 根 | 1 | |
| 担架 | | 副 | 2 | |
| 保温毯 | 棉织 | 条 | 2 | |
| 绝缘手套 | | 双 | 1 | |
| 氧气检定器 | | 台 | 1 | |
| 温度计 | | 支 | 2 | |
| 采气样工具 | | 套 | 1 | 包括球胆4个 |
| 灾区电话 | | 套 | 1 | |
| 引路线 | | m | 1 000 | |
| 铜钉斧 | | 把 | 2 | |
| 矿工斧 | | 把 | 2 | |
| 刀锯 | | 把 | 2 | |
| 起钉器 | | 把 | 2 | |
| 手表 | | 块 | | 队长每人1块 |
| 电工工具 | | 套 | 1 | |
| 氢氧化钙 | | t | 0.5 | |

表 5—7　煤矿救护小队值班车上最低限度技术装备清单

| 名称 | 单位 | 数量 | 备注 |
| --- | --- | --- | --- |
| 个人最低限度技术装备 | 套 | | 每人一套 |
| 矿灯 | 盏 | 2 | 备用 |
| 4 h 氧气呼吸器 | 台 | 1 | 备用 |
| 2 h 氧气呼吸器 | 台 | 1 | |
| 自动苏生器 | 台 | 1 | |
| 呼吸器校验仪 | 台 | 1 | |
| 瓦斯检定器 | 台 | 2 | 10%、100%各一台 |
| 一氧化碳检定器 | 台 | 1 | 检定管不少于 30 支 |
| 氧气检定器 | 台 | 1 | |
| 压缩氧自救器 | 台 | 10 | |
| 担架 | 副 | 1 | |
| 风障 | 块 | 1 | 4 m×4 m |
| 刀锯 | 块 | 2 | |
| 铜钉斧 | 把 | 2 | |
| 帆布水桶 | 个 | 2 | |
| 瓦工工具 | 套 | 1 | |
| 电工工具 | 套 | 1 | |
| 急救箱 | 个 | 1 | |
| 铲式担架 | 副 | 1 | |
| 抗休克裤 | 条 | 1 | |
| 采气样工具 | 套 | 2 | 包括球胆 4 个 |
| 两用锹 | 把 | 1 | |
| 小镐 | 把 | 1 | |
| 矿工斧 | 把 | 2 | |
| 起钉器 | 把 | 2 | |
| 灾区电话 | 部 | 1 | |
| 引路线 | m | 1 000 | 金属芯，可兼灾区电话线 |

续表

| 名称 | 单位 | 数量 | 备注 |
|---|---|---|---|
| 灾区指路器 | 个 | 10 | |
| 保温毯 | 条 | 1 | |
| 2 L氧气瓶 | 个 | 10 | |
| 1 L氧气瓶 | 个 | 2 | |
| 灭火器 | 台 | 2 | |
| 大绳 | 条 | 1 | 直径30 mm、长30 m |
| 液压起重器 | 套 | 1 | 或千斤顶 |
| 绝缘手套 | 副 | 2 | |
| 温度计 | 支 | 2 | 0～100℃ |
| 备件袋 | 个 | 1 | |
| 皮尺 | 个 | 1 | 10 m |
| 卷尺 | 个 | 1 | 2 m |
| 钉子包 | 个 | 2 | 内装钉子各1 kg |
| 充气夹板 | 副 | 1 | |
| 记录本 | 本 | 2 | |
| 圆珠笔 | 支 | 2 | |

注：急救箱内装止血带、夹板、红汞、碘酒、绷带、胶布、药棉、消炎药、手术刀、镊子、剪刀及止痛药和止泻药等。备件袋内装呼吸器易损件。

**表5—8　　煤矿救护小队进入灾区侦察时所携带的最低限度技术装备清单**

| 名称 | 单位 | 数量 | 备注 |
|---|---|---|---|
| 个人最低限度技术装备 | 套 | | 每人一套 |
| 2 h氧气呼吸器 | 台 | 1 | 10%、100%各1台 |
| 瓦斯检定器 | 台 | 2 | |
| 一氧化碳检定器 | 台 | 1 | |
| 氧气检定器 | 台 | 1 | |
| 自动苏生器 | 台 | 1 | 可放在井下基地 |

续表

| 名称 | 单位 | 数量 | 备注 |
| --- | --- | --- | --- |
| 担架 | 副 | 1 | |
| 保温毯 | 条 | 1 | 可放在井下基地 |
| 2 L 氧气瓶 | 个 | 2 | |
| 刀锯 | 把 | 1 | |
| 铜钉斧 | 把 | 1 | |
| 两用锹 | 把 | 1 | |
| 灾区电话 | 部 | 1 | 与井下基地联系 |
| 引路线 | m | 500 | |
| 温度计 | 支 | 1 | 0～100℃ |
| 采气样工具 | 套 | 1 | 包括球胆 4 个 |
| 灾区指路器 | 个 | 10 | 或冷光管 |
| 皮尺 | 个 | 1 | 10 m |
| 急救箱 | 个 | 1 | |
| 记录本 | 本 | 2 | |
| 圆珠笔 | 支 | 2 | |
| 电工工具 | 套 | 1 | |

救护装备、器材、防护用品和安全检测仪器、仪表，必须符合国家标准或行业标准。

呼吸器主要用于应急人员执行长期暴露于有毒有害环境的任务时，如营救火灾受困人员。应急人员使用呼吸器需要接受训练。《煤矿安全规程》规定煤矿救护队每月至少进行 1 次佩戴氧气呼吸器的训练，每次佩戴氧气呼吸器的时间不少于 3 h；每季至少进行 1 次高温浓烟演习训练。氧气呼吸器连续 3 个月没有使用的，清净罐内的二氧化碳吸收剂必须更换。煤矿救护队所使用的氢氧化钙及氧气，必须按规定进行化验。氧气纯度不得低于 98%，其他要求应符合医用氧气的标准。二氧化碳吸收剂必须每季度化验 1 次，确保二氧化碳吸收率不低于30%，二氧化碳含量不大于4%，水分保持在15%～21%之间。严禁使用不符合标准的氢氧化钙和氧气。氧气瓶必须符合国家压力容器规定标准，每3年必须进行除锈清洗、水压试验，达不到标准的不得使用。

安全帽可在一定程度上防止下落物体的冲击伤害。

高倍数泡沫灭火机、惰性气体发生装置等煤矿救护大型设备，应每季检查、演习1次。

氧气充填泵在20 MPa压力情况下不得漏油、漏气、漏水。充填室内储存的大氧气瓶不得少于5个，其压力在10 MPa以上，空氧气瓶和充满的氧气瓶应分别存放，新购进或经水压试验后的氧气瓶，必须进行两次充、放氧气后，方可使用。

## 二、气体检测仪与气体分析仪

目前我国煤矿救护队使用的灾区气体检测仪器有：

（1）手动检测仪器

手动检测仪器包括光学瓦斯检定器、一氧化碳检定管等仪器。此类检测仪器应用时间最长，自我国成立救护队以来直到现在都在使用。该类仪器体积小，携带方便。但主要缺点是：检测气体种类单一、准确度差、使用时易受外界环境干扰，不适合与正压氧呼吸器配套使用。

（2）便携式自动检测仪

这类仪器自20世纪90年代才开始使用。它包括单探头和多探头两种，主要优点有操作简便、检测耗时少、多探头一次可检测多种气体（$O_2$、$CH_4$、CO、$H_2S$）、检测结果直观、体积较小便于携带。但其不足之处也较多，如检测量程小、检测结果不稳定易受干扰、检测仪传感器易损坏。

（3）气相色谱检测仪

气相色谱检测仪有化验室和车载两种类型。它主要是运用现代气相色谱技术，可以一次分析$N_2$、$O_2$、$H_2$、$CH_4$、CO、$CO_2$、$C_2H_2$、$C_2H_4$、$C_2H_6$等气体。其检测量程大，精度高。在检测完成后，它根据爆炸三角形理论技术数据处理系统，自动绘制爆炸三角形图并标注出检测气样所处危险程度，直观地为救灾指挥部提供指挥救灾的科学依据。

（4）新型智能式矿用多参数检测报警仪

该检测报警仪器可同时连续检测甲烷、氧气、一氧化碳、温度四种参数。还能同时显示整机电池电压。该报警仪所采用128×64点阵的液晶显示屏，不仅能同时用汉字名显示四种测量参数值和整机电池电压值，还能为操作者提供一个全汉字的操作菜单，操作简便、易学。因此，该智能多参数检测仪不仅适用于煤矿井下安全监测，还特别适合煤矿井下抢险救灾时使用。

常用的气体分析方法有电化学法；电气法，如热导式和半导体式；色谱法（层析法）；光学吸收法（红外吸收法和紫外吸收法）等。其中红外吸收法应用最为引人注目，是当前的研究热点之一。

气体分析仪的关键部位主要是气体传感器。气体传感器从原理上基本可以分为三大类：

按物理化学性质分，可以分为半导体式、固体热导式。

按物理性质分，可以分为热传导式、红外吸收式。

按电化学性质分，可以分为定电位电解式、隔膜离子电极式。

## 三、车载煤矿救灾指挥车

所谓车载煤矿救灾指挥车，主要利用色谱化验（爆炸三角形理论）和束管技术、计算机技术、救灾通信技术等功能于一体的监测、监视指挥系统。当灾害发生后，车载煤矿救灾指挥系统能迅速赶到灾害现场进行连续监测、监视，并对灾区的有毒有害气体进行分析及爆炸危险性的判别。为救灾指挥决策者提供科学的依据。

车载煤矿救灾指挥车共分两部分：车体、车外部分和车内部分。

**1. 车体和车外部分**

车型选择机动、减震性能良好的 17 座轻型 IVECO 车，该车能及时到达事故现场。车外接口在车身的左侧，包含束管及救灾电话的输入接口。束管接口是对井下气体进行分析的接口，救灾电话接口分为井上、井下两部分，可实现三方通话，便于抢险过程中的指挥。该救灾车的电源系统分为外接电源和发电机两部分，都可单独对指挥车供电。电源接口位于车后右下方，发电机位于车身右侧，发电机采用日本 Yamaha 发电机，性能稳定。

**2. 车内部分**

（1）色谱分析系统

色谱分析系统由色谱仪、载气、标准气、气路控制柜、色谱工作站、稳压电源、样气注入盒组成。

（2）稳压电源

电源开关共有 5 个，最上一个为总开关。

（3）载气瓶

分别使用高纯氦和高纯氩作载气，输出压力应为 600 kPa，为色谱仪提供稳定气流。

（4）标准气瓶

本系统共配备了高、低标准两个标准气瓶。$CH_4$ 含量高的为高标准；$O_2$ 含量高的为低标准。配备两瓶标准气瓶的目的是使 $CH_4$ 的浓度在很高时也能得到准确数值。

（5）注入盒

通过调节旋转开关，使色谱仪既可以单独对样品袋中气样进行分析，又可以对束管检测系统进行取样分析。当旋转开关处于 Span/Full 位置时，色谱仪与快速接口相连；处于 Run 位置时，色谱仪与样品袋接口相连。

（6）微型色谱分析仪

例如，由美国安捷伦公司生产的 Agilent 3 000 便携式气相色谱仪，具有携带方便、性能可靠、准确快速、能够长时间无故障地运行等特点。该仪器的每一个加热模块包含进样口、毛细管柱和检测器，这些都是按预先选定的分析任务而优化配置的。当需要改变模块时，内置识别编码能够实现即插即用，而且能保证正确的模块安装。色谱仪的紧凑设计有利于样品的快速处理，因为它可以在任何需要的地点进行测试，而不必将样品送到实验室。

(7) 色谱分析工作站

该操作系统具有操作简便、数据处理快速准确等特点，为初学者能够快速熟练地掌握该系统提供了很大的便利条件。该工作站可自动对气体进行比较，自动显示某地点是否处于爆炸状态。常用的爆炸三角形可自动显示在报告中。

(8) 气路控制柜

主要由可编程自动控制器（PLC)、抽气泵（2个)、三通电磁阀等组成。该控制柜与车外束管接口相连接可实现12路束管循环监测。PLC具有良好的兼容性与稳定性，通过工作站来选择监测的管路。

(9) 电话接口

该接口分为井上、井下两路，便于抢险救灾时井上、井下通信，信息能够及时传达，便于指挥。

## 四、遇难人员搜寻技术

人体搜寻仪由一个感应器（内存识别卡)、一个导电器和一个振荡器（指向装置）组成。当这些器材和人体相连时，即可发挥定位功能。

人体搜寻仪工作原理为：

当携带大量正电荷的人体作用于识别卡产生的振荡频率以垂直方向移动，与所要搜寻的物质形成的低频磁场对齐时，就会发生共振并产生排斥现象。这个排斥现象迫使人体中大量的正电荷同时转向，由此产生的磁吸引拉动人体搜寻仪指针转向操作者空手一侧。如果训练有素的操作者正确地平衡了指针，并在指针转向身体时及时停住，其肩膀便可以和目标磁场基本对齐。

通过矩形搜索就可以轻松做到将目标物锁定在 5～10 m 的范围内，甚至更为精确。人体搜寻仪的物理依据为：

1）马可尼的晶体共振理论，当一对匹配石英晶体的波长彼此相交时，会产生共振。

2）库仑原理。静电经过导线时，能使导线分子转向，因为此时导线实际上变成了一个磁体。

3）人体天然是带电的，人体中 80%是水，水含有氢原子，氢原子是弱磁性的，含有弱磁电荷。

4）磁共振成像系统（MRI）。

因为所有物质都含有正电荷，所以人体天然就是带电的。由于任何物质都含有正电荷，因此当由带电身体形成的磁场以垂直方向移动穿过空间时，如果进入并同另一个磁场对齐，在相同的调频下发生共振，然后双方会携带正电荷并产生排斥现象。当人体搜寻仪的感应器、导电器和振荡器与人体相连时，便能发挥作用。

## 五、破拆装置

所谓破拆装置主要是指为了抢救人员而用于破坏各种设施和设备的专用装置。目前用于煤矿救护的主要有起重气垫系统、液压破拆工具（剪切钳、扩张钳、剪切扩张两用钳、救援支撑顶杆）及应急救援锯（环锯、链锯、抢险救援切割机）和钻机等。

### 1. 切割机

煤矿井下需要紧急排除事故和清除障碍物时，用一种安全的无火花切割机进行迅速切割，切割对象可以是水泥板、钢板、木板、煤炭等，用这种切割方法可尽快排除故障，恢复生产，或打开一条通道使被困人员安全脱离事故区。

（1）液压锚杆（索）杆体切割机

液压锚杆（索）杆体切割机采用分体式结构形式，由工作头（杆体剪切器）和动力泵两部分组成。

1）工作头。工作头为动力转化部件，采用合金机构钢。刀刃导向、剪切准确。

工作头提供挤压剪切和单剪切两种剪切方式。挤压剪切适用于剪切断面积小、强度不高、壁厚较薄的工件；单剪切适用于大直径、高强度锚杆（索）。

2）动力泵。动力泵为动力提供部件，为增大使用范围，不受地点、电、气等因素的限制，设计采用手动液压泵。

手动液压泵机构为双级大排量。低压时，双级柱塞，同时工作吸排液；超高压时，低压级柱塞泵溢流，超高压级小柱塞泵工作，可降低手摇力矩。

泵体采用铝合金，杆体采用非金属材料。

其工作流程为：放入工件（杆体钢筋或螺栓）→启动动力泵→摇动手柄→活塞杆带动工作头动刀进给→加压（挤压或单剪切）→剪断→卸压→退位，准备下一循环切割。

该切割机特性为：

采用分体式结构，远距离操作，适合煤矿井下立体施工的需要。

手动液压泵不需要外接动力源，携带方便。

提供无火花和无冲击静力剪切方式，有利于安全生产。

其社会、经济效益为：

无火花静力剪切方式可代替气割熔切的切割方式，避免采煤机截齿与锚网梁之间的金属切割，解除了采掘工作面尤其是高瓦斯矿井的事故隐患；可有效控制工作面端头支护中的煤矿压力，杜绝事故的发生，利于安全生产。

代替了手工锯断和斧凿锤砸，降低劳动强度，提高生产效率，避免各种工伤事故的发生。

在生产现场的应用可有效地进行锚网梁的回撤，使之重复投入使用，降低生产成本。

（2）LK 系列超高压数控万能水切割机

LK 系列数控万能水切割机由超高压发生系统、CNC 二维半数控切割平台、磨料自动传送系统、计算机 CAD/CAM 辅助设计系统等几部分组成，可用于任何材料的切割，最佳切割厚度 30 mm 以内。例如，花岗岩、大理石、瓷砖、玻璃、夹胶玻璃、塑脂，钢材、铜、铝、不锈钢、合金钢复合金属等各种金属材料。尤其适用于切割复合材料及某些不宜机械加工、电加工、火焰加工的危险工件。该机床特别适用于机械、军工、石化、建筑装潢、玻璃、石材、陶瓷、工程塑料等行业。

LK 系列数控万能水切割机特点：

1）采用普通水作为介质，切割过程中无尘、无毒、无火花，因而可极大地改善工作环境而不会带来任何工业污染。

2）水切割是冷态切割，因而不会改变被切割物质的物理和化学特性而成为对热敏感物质的最佳切割工具。

3）可以用于切割任何易燃易爆及复合材料，且切割品质优良。

4）可以与不同种类的计算机控制系统结合起来，使它成为计算机辅助设计与制造（CAD/CAM）的自动化设备来切割任意复杂形状的图形和文字。

5）预紧滚珠丝杆和高精度滚动直线导轨的使用可确保机器的高精度。

6）操作简单方便。

7）所有护盖可保证机床精密零件在恶劣环境中使用而不受污染和破坏。

8）机床采用铸件结构，保证机床稳定性和不变形。

**2. 钻机**

（1）BOHRTECHNIK HBR 505D 定向钻机

德国HUTTE公司生产的BOHRTECHNIK HBR 505D定向钻机的工作机构包括液压动力单元、钻杆和钻头及辅助机构，液压动力单元是核心。整个工作机构置于推进导轨上。推进导轨通过连杆机构（支撑大臂）与上车相连。连杆机构用以调整推进导轨的支撑点高度和相对于水平面的夹角。

施工时在钻头内装上传感器，传感器随时将钻头到达的位置信号发射给地面的导向仪，在导向仪上显示出钻头的顶角、深度和工具面向角，技术人员根据所显示的数据对钻孔轨迹加以调整控制。

导向钻以全液压动力头钻机为主，它可调节钻头射入角度。按照设计钻孔轨迹，采用高压水流喷射，将钻头钻入土层，导向仪准确地定向控制着钻头的角度和深度。它利用非对称钻头斜面反力作用改变钻进方向。钻头在预定轨迹的另一端露出土层后，再换上扩孔钻头进行扩孔。当钻头到达预定目标后，再进行回拉，这样往返数次，直到将钻孔扩大到所铺设管线的直径为止，然后将施工需要的管线带入地层。

定向钻机一般采用履带式底盘，类似挖掘机，上车可做360°回转。但又与挖掘机不同，上车及底盘可相对于履带仰俯8°～18.5°，为实现此动作，底盘与履带采用铰接，并有一液压缸驱动底盘仰俯。

（2）凯斯60系列水平定向钻机

凯斯60系列水平定向钻机于2000年3月正式投放我国市场。凯斯的水平定向钻机从以人为本的设计理念出发，打破了传统定向钻机的框框。它的主要特点是：

1）六缸发动机作为主动力，提供强劲的后备能力。迄今为止，只有凯斯公司的6030钻机采用六缸发动机，作为这一级别定向钻机的主动力。六缸发动机提供了充足的后备功率，136 kN的给进、回拖力是同档机型中最高的。

2）倍力推拉驱动机构，输出高效率的钻进动力。凯斯6010和6030定向钻机可分别输出52 kN和136 kN的给进、回拖力，突破了传统钻机性能级别的限制。高效率的推拉，是通过配备具有专利的凯斯倍力推拉系统实现的。倍力推拉系统以其独特的结构，达到了双倍的承载能力，各主要部件的载荷降低50%，延长了推拉链条的寿命，提高了设备的可靠性和安全性。

3）独立的给进、回拖和转矩液压系统。定向钻机在给进、回拖力和转矩的输出上都采用一套液压系统，带来的隐患是，当工程需要转矩和回拖力同时达到最大时，一套液压系统就不能提供充足的动力。凯斯60系列钻机将这一部分改为两套独立的液压系统后，可以分别提供给进、回拖和转矩需要的动力。两套液压油路钻机工作时，给进、回拖和转矩均可同时达到最大，并始终保持这一工作状态。这是同类钻机中所特有的。

4）整体优化、以人为本，为操作者提供最大的便利。凯斯对60系列钻机的整体优化，不仅体现在施工抗风险能力的提高，同时也兼顾操作者使用机器时的舒适、方便、易维护。根据人体工程学设计的操作椅，全天候的电子控制面板，降低操作人员的工作强度；平推式钻杆装载机构，新颖、简捷、可靠；上掀式整体机罩方便保养、维修；多孔位锚桩机构和分立后支撑定位遇到复杂地形时仍然可以稳固钻机，场地适应性更好；获得专利的泥浆喷射系统，施工效率更高；独特的负载反馈系统，设备更安全、经济、可靠；整体式底盘，结构更加坚固等，这样的优化在60系列钻机中还有多处。

（3）快速钻孔机

例如，美国Schramm公司生产的T685WS型车载顶驱钻机，主要用于煤层气勘探，以开拓和扩大地质勘探市场。经研究发现，这种准确、快速的钻探新手段，可以用在我国煤矿事故抢险救援中，其优越性与先进性正逐步体现出来。

T685WS型车载顶驱钻机主要由动力系统、回转及提升系统、井架结构、空压机系统、钻具系统等组成，其技术特点如下：

1）行动迅速。快速钻机是一台集空气钻进、机械传动、提升钻塔、液压动力为一体的车载钻机，正常行驶速度为 100 km/h，到达工作现场后准备 1 h 即可开钻。

2）钻进高效。该钻机利用顶驱动力装置及空气潜孔锤冲击钻进与牙轮回转钻进功能，明显提高了钻进速度。其中在第四系冲积层中钻进可达 10 m/h（传统方式钻进约 2 m/h）；在基岩地层中钻进平均 20 m/h，最高可达 30 m/h（传统方式钻进 1～2 m/h）。

3）钻孔直径大。钻孔直径一般为 190～216 mm，最大经扩孔可达 311～500 mm。可以作为通风、输送食品、通信联络乃至升降人员的救援通道。

4）定位准确。快速钻机通过无磁钻铤、单点照相测斜仪和导向螺杆组成的方位监控系统，使钻进方向沿着预定目标前进，最终准确中靶，可按要求进行垂直、侧斜及水平钻进。地面透巷准确率 100%。

5）适应性强。快速钻机具有自身动力装置，可用泥浆做循环介质，也可用空气做循环介质。可在 ±40℃、缺水、缺电条件下进行正常工作。

据目前掌握的情况，在以下种类的煤矿重大事故发生时，可考虑运用快速钻机施行救援行动：

1）因顶板冒落而堵塞巷道，造成人员被困井巷中的事故。

2）因透水带出的泥石淤积堵塞巷道，造成人员被困井巷中的事故。

3）透水淹井后，注浆封堵水源，实现快速恢复生产。

4）井下发生区域性火灾，人员被困井下事故。

5）煤层自然发火失控、井巷封闭后，从地面布置钻孔进行直接灭火。

据国内外取得的成功经验，如能同时具备以下条件，将取得更好效果：

一是开采深度不超过 400 m。

二是矿区技术资料可靠、定位准确、可以准确推断出遇险人员位置。

三是地面可形成 20 m×30 m 的一块平整场地。

当然，随着救援活动增多，实践经验不断积累，技术工艺不断完善，其应用范围定会逐步扩大，救援效果也将更加显著和有效。

## 六、负气压式气垫担架

负气压式气垫担架、骨折固定保护气垫采用真空成形原理，适合人体生理骨骼肢体各部位要求。它能避免在转送伤者过程中因骨折部位移动而加重伤势，能有效防止因现场处理不当及运送过程中造成二次损伤，对防止骨折断端刺伤肌肉、神经、血管或脏器而引起疼痛、出血，甚至休克的发生起到重要的保护作用。它体积小、质量轻、携带方便、坚固耐用，充气后还可用作水上救生器材。具有操作简便、使用快捷、保护性强、可进行 X 光成像检查等特点。是应急救援人员理想的急救用具。

### 1. 负气压式气垫担架的结构

负气压式气垫担架由专用气筒、OMA-A 型急救担架和 OMA-B 型套装夹板组成。

专用气筒构造如图 5—2 所示。

### 2. 使用方法

其使用方法是将气筒的一端连接抽气口，另一端连接固定气垫上气阀的气嘴，用脚踩住底座方环，用手抓住手柄上下抽动，抽去空气，使固定气垫处在真空状态。

### 3. 急救担架的结构

急救担架构造如图 5—3 所示。

### 4. 急救担架的使用方法

（1）气垫担架的使用方法

将伤员轻轻抬放于气垫担架上平卧，将固定带穿过扣环并拉紧，

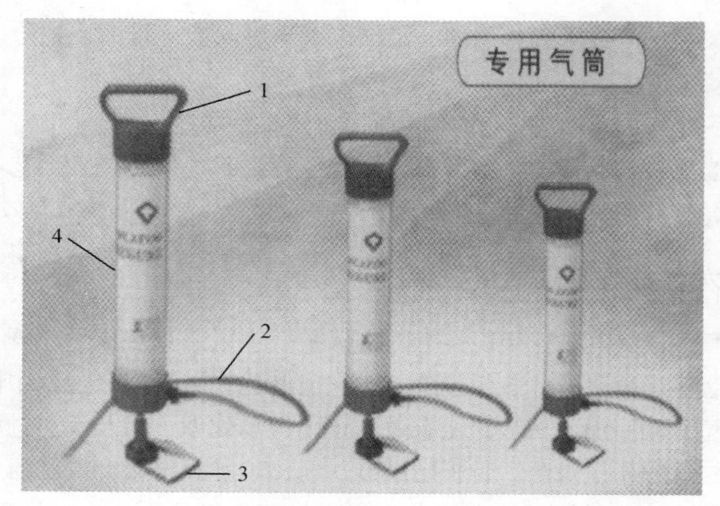


图 5—2 专用气筒构造

1—手柄 2—连接管 3—方环 4—气筒

接上专用气筒抽出担架内空气，气垫硬固后拧紧阀门，便可转移运送伤员。

（2）颈托、颈部护板的使用方法

如伤员颈部受伤可选取普通颈托，将颈托顶端托住下颚，环绕颈部拉紧后贴上魔术贴即可。将颈部护板环绕于颈部贴紧，用专用气筒抽出空气，硬固即可。

（3）套装夹板的使用方法

套装夹板构造如图 5—4 所示。

其各个部件使用方法如下：

1）躯体夹板（气垫）使用方法。如伤员的腰椎、骨盆、肋骨等部位骨伤、骨折，应将伤员平卧于气垫上，将固定带、肩吊带固定好，用专用气筒抽出气垫内空气，待气垫硬固后拧紧阀门。

2）短（长）臂夹板（气垫）的使用方法。伤员的臂部骨折、骨伤，应选用短、长臂夹板气垫缠绕于受伤部位，将固定带穿过扣环并拉紧，用专用气筒抽出气垫内空气，气垫硬固后拧紧阀门。

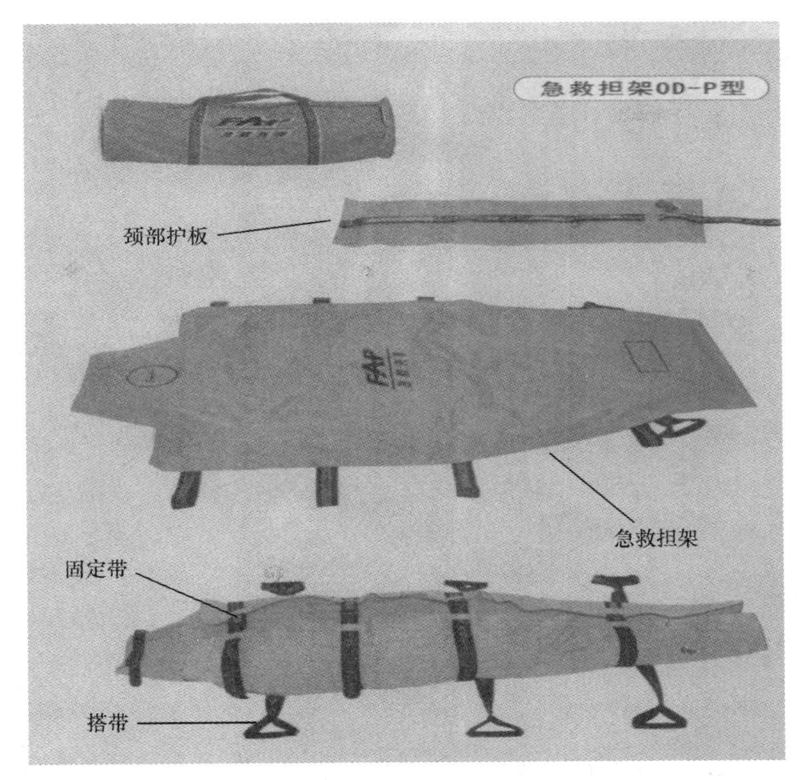


图 5—3　急救担架构造

3）弯曲夹板（气垫）使用方法。如伤员的臂骨折、骨伤，应选用弯曲夹板气垫敷于受伤部位，将固定带穿过扣环并拉紧，小臂向胸部上扶并套上吊带用气筒抽出气垫内空气，气垫硬固后拧紧阀门。

4）全（大）腿气垫夹板使用方法。如伤员的股骨、腿部骨折、骨伤，应选取全大腿夹板气垫缠绕受伤部位，将固定带穿过扣环并拉紧，接上气筒进行抽气，气垫硬固后拧紧阀门。

## 七、救灾机器人

为了在发生煤矿瓦斯爆炸等事故中及时地开展救援工作，研究

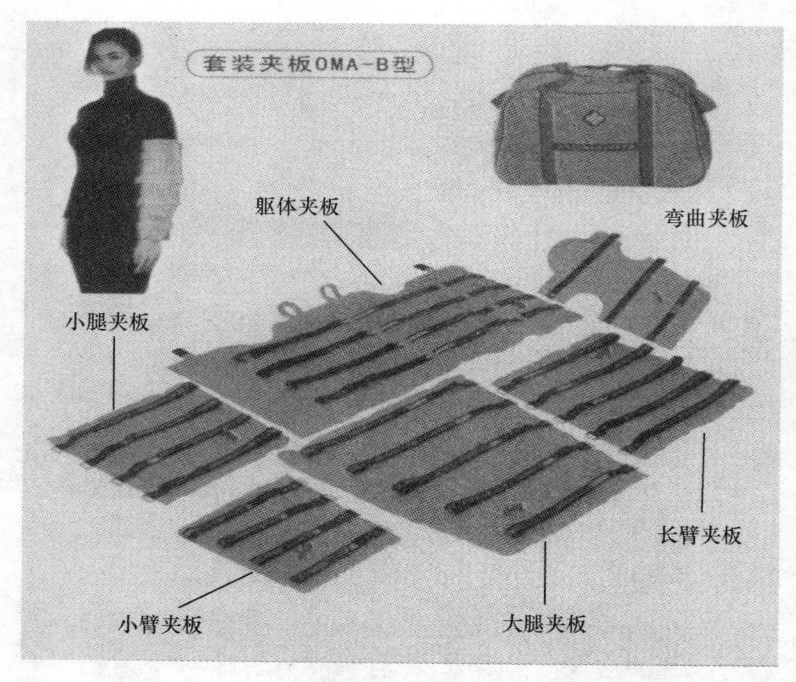


图 5—4　套装夹板构造

一种能够进入危险矿井进行信息采集和人员搜寻的机器人是非常必要的。

救灾机器人在发达国家如澳大利亚、美国、俄罗斯等国已用于救灾实践。其中，澳大利亚救灾机器人较先进，美国、俄罗斯也有矿用救灾机器人。美国体积较小，俄罗斯体积较大，且设置专用的机械手用于清障。我国也开发了矿用救灾机器人，在兖州煤业等单位得到初步应用。

为了采集较多的矿井环境信息，矿井救援机器人可以装备多种传感器，但主要有以下 3 种，即瓦斯传感器、生命探索传感器和基于多传感器信息融合的导航避障传感。

整个救援机器人硬件方面主要由机器人执行机构、传感器系统、单片微处理器、A/D采集卡、主控计算机、人机接口等几个部分组成。

机器人简要工作过程如下：超声波传感器通过A/D转换将信号传入单片机，由单片机控制车轮的转向、前进、后退还是排障；当雷达式非接触生命信息检测传感器探测到生命时，由单片机控制系统发出信号使运动系统停止，同时等待主控计算机来发出信号以决定救援机器人的下一步动作；当瓦斯传感器探测到前方有可能发生爆炸危险时，救援机器人改变方向或进一步等待主控计算机的信号。

一般来说，机器人往往需要在高温、强热辐射、浓烟、地形复杂、障碍物多、化学腐蚀、易燃易爆等恶劣环境中进行火场侦察，化学危险品探测、灭火、冷却、洗消、破拆、救人、启闭阀门、搬移物品、堵漏、化学危险品处置等作业，因此作为某种特定功能的消防机器人应该具备以下某项或几项行走和自卫功能：

（1）爬坡、爬梯及障碍物跨越功能。

（2）耐温和抗热辐射功能。

（3）防雨淋功能。

（4）防爆（隔爆）功能。

（5）防化学腐蚀功能。

（6）防电磁干扰功能等。

## 第四节　应急响应与应急处置的技术支撑

### 一、事故现场处置基本程序

#### 1. 隔离、疏散

（1）发生安全事故时，凡有可能对现场人员和其他人员构成威胁时，在现场指挥部的统一指挥下，迅速沿着安全通道撤离到指定安全区。

(2) 对已撤离到安全区内人员，由指挥部指定专人负责登记，清点是否有遗漏人员，做好安抚和组织工作，并动员部分人员参与救援工作。

(3) 撤离人员必须等待抢险完成，事故现场清理无危险，并经指挥部信息发布人宣布紧急状态结束后，方能回到工作岗位或居住区。

针对不同的危险目标，有各自不同的疏散方法，具体应按照《矿井灾害预防和处理计划》规定的避灾路线或根据具体情况选择安全路线将可能波及区域人员迅速撤离。

(4) 要采取切实的措施保证人员撤退路线的安全。

**2. 防护（略）**

**3. 询情和侦检（略）**

**4. 现场急救与医院救护**

应急救援队对抢救的伤员应进行简单的现场救护，例如，人工呼吸、消毒、止血、包扎等。指挥部在救护车未来时，把井下的伤员立即转移到井上，并调派车辆把重伤员紧急送往医院。医院应紧急采取措施，抢救伤员。医院对于自己没有条件治疗的重伤员，在采取措施后，应立即把伤员转到最近的医院或其他有条件的医院。医院救护队负责对死亡者的尸体处理，确认后送往太平间。

**5. 灾情控制（略）**

## 二、应急救援物质保障

(1) 保证每个职工至少有一个完好的自救器。

(2) 建立井上消防用水池、井下消防管路系统。

(3) 消防灭火器材应按照《消防法》的要求配备，并经常维护、检测，保证在紧急情况下能使用。

(4) 配备必要的急救器材和用品。例如，外伤消毒液、止血用品类（止血带、压迫绷带、胶布、止血钳等）、绷带类（三角巾、绷带、急救包、纱布等）、手电筒、担架等。

根据应急救援的需要，对其中不足的器材及上面提及而清单中没有的器材需尽快采购。

## 三、煤矿井下火灾事故应急救援的技术保障

矿井发生火灾时，尤其是明火火灾发生时其特点是突然发生、来势迅猛，发生的时间与地点出人意料。正是由于这种突发性和意外性，常会使人们惊慌失措而酿成恶性事故。因此，从领导到员工对待每一场火灾都要从思想上予以足够的重视，绝不能麻痹大意，同时，严守纪律、服从命令，绝不能惊慌失措，擅自行动。每个最先发现火灾的人员，一定要采取一切可能的方法直接灭火，并迅速向矿井调度室报告火情，矿井调度室值班人员应立即按照矿井灾害预防和处理计划通知矿井负责人和各方有关人员。矿井负责人在火灾面前应果断地决策和迅速地行动，不能犹豫不决，更不允许迟疑拖拉，坐失良机。面对一场火灾，领导在接到报警通知后，要按照《矿井灾害预防和处理计划》及火灾实情行事。实施紧急应变措施(如停电撤人)，立即召请救护队，建立抢救指挥部，制定救人灭火对策。在制定对策时，要设法避免引起瓦斯和煤尘爆炸造成事故扩大。侦察火区对于弄清火灾性质、发火位置、火势大小、火灾蔓延方向和速度、遇险人员的分布及其伤亡情况、灾区风流（风量大小及其流向）及瓦斯等情况具有至关重要的作用，因此，火灾发生后，应立即派出煤矿救护队和辅助救护队人员侦察火区。首先侦察是否有遇难人员，弄清火源的地点、火灾的性质及火灾的范围，为采取有效的灭火措施提供依据。同时，切断火区电源，派专人量风测气，观察顶板动态，注意风流的变化，防止事故扩大。

灾变时期通风调度决策正确与否对灭火救灾的效果和救灾工作

的成败起着决定性的作用。实践证明，当矿井发生火灾时，正确地稳定风流，对保证井下人员安全撤出，防止瓦斯爆炸，阻止火灾和烟气蔓延扩大，以及对灭火工作都是十分重要的。因此，在处理火灾事故时，在弄清火灾性质、发火位置、火势大小、火灾蔓延方向和速度、遇险人员的分布及其伤亡情况、灾区风流（风量大小及其流向）及瓦斯等情况后，要正确地选择通风方法。

**1. 处理火灾时的通风方法及其选择**

处理火灾时常用的通风方法有：正常通风、增减风量、反风、火烟短路、停止主要通风机运转等。无论采用何种通风方法，都必须满足下列基本要求：

（1）保证灾区和受威胁区人员的安全撤退。

（2）防止火灾扩大，创造接近火源直接灭火的条件。

（3）避免火灾气体达到爆炸浓度，避免瓦斯通过火区，避免瓦斯、煤尘爆炸。

（4）防止出现再生火源和火烟逆退。

（5）防止产生火风压造成风流逆转。

扑灭井下火灾时，抢救指挥部应根据火源位置、火灾波及范围、遇险或受威胁人员分布，迅速而慎重地决定通风方法。

当火灾发生在矿井总回风巷，或者发生在比较复杂的通风网络中，改变通风方法可能造成风流紊乱，增加人员撤退的困难，可能出现瓦斯积聚等后果时，应采用正常通风、稳定风流；当火灾具体位置范围、火势受威胁地区等情况没有完全了解清楚时，应保持正常通风；当采掘工作面发生火灾，且实施直接灭火时，要采取正常通风，以维持工作面通风系统的稳定性，确保瓦斯的正常排放。当采用正常通风方法会使火势扩大，而隔断风流又会使火区瓦斯浓度上升时，应采取减少风量的办法。这样既有利于控制火势，又不使瓦斯浓度很快达到爆炸界限。在使用此法进行救灾时，灾区范围内要停产撤人，并严密监视瓦斯情况，而且要注意，在灾区内人员尚未撤出的情况下，为了避免出现缺氧现象或瓦斯上升到爆炸界限，不利于人员撤退时，不能减少灾区风量。在减少灾区风量的救灾过程中，若发现瓦斯浓度在上升，特别是瓦斯浓度上升到2%左右时，应立即停止使用此法，恢复正常通风，甚至增加灾区风量，以冲淡和排出瓦斯。

火烟短路是救灾过程中常用的方法。它是利用现有的通风设施（如打开进回风巷之间的风门）进行风量调节，把烟雾和CO直接引入排风，减少人员伤亡。

反风分全矿性反风和局部反风。由于矿井通风网络的复杂性、火源出现的偶然性、火势发展的不均衡性，采用什么方式反风，应根据具体情况确定。平时应做好反风的演习工作，通过演习观测通风状况的变化、瓦斯涌出、煤尘飞扬情况，以判断在火灾时期反风是否有效、存在什么问题、补救措施的采用，以及是否有发生爆炸的危险。通过演习摸清在什么地点发火应采取何种反风方式。一般而言，矿井进风井口、井筒、井底车场及其内的硐室、中央石门发生火灾时，一定要采取全矿性反风措施，以免全矿或一翼直接受到烟侵而造成重大恶性事故。采区内部发生火灾，若有条件利用风门的启闭实现局部反风，则应进行局部反风。停止主要通风机运转的方法绝不能轻易采用，有把握时才用，否则会因风量减少、瓦斯浓度增加可能诱发瓦斯积聚而爆炸，也会导致风流状态严重紊乱而扩大事故。

**2. 火风压的产生及其控制**

明火火灾刚发生时，井下风流和烟气是沿发火前的原有方向流动的。火势发展后，凡是烟气所流经的巷道内，气温升高，空气成分也发生变化，产生一种火风压。高温气体流经的巷道始末两端标高差越大，产生的火风压值越大。火势越大、温度越高，产生的火风压也越大。火风压在通风网络中的作用如同多台风压值逐渐变化的辅助通风机，能改变网络中原有的风压分布，引起风路中风量的增减，甚至造成风流逆转，使正常的通风系统遭受破坏，扩大事故范围，在瓦斯矿井中还可能引起瓦斯爆炸。这样一来，不仅增加了灭火的困难，而且使认为安全地带的人员伤亡。当火风压发生在上行风流中时，由于烟气的上升趋势，火风压作用方向与主要通风机作用方向一致，使火源所在的巷道（或烟气流经的巷道）风量增加，因此上行风流巷道发生火灾时可适当减少该巷道进风，减少供氧降低火势。与该上行风流巷道并联的风路风量减少，当火风压达到一定值时，其旁侧并联风流发生逆转。同理，下行风流中发生火灾时，将使火源所在的风路中风量减少甚至风向逆转。下行风流巷道发生火势不太大的火灾时，还应注意风向反复变化的可能性。

必须注意，无论是上行风流，还是下行风流中发生火灾时，随着火势的发展和火风压增大，将有可能在更多的巷道内发生风流逆转现象，甚至使主干风流全部反向，灾情的影响范围将扩展到全矿。因此，在发生明火火灾时，必须全面考虑火灾的发生地点及其在整个通风系统中的地位，预计火风压的影响范围，即早撤出受威胁地区的人员，并采取稳定风流的措施，防止风流逆转。具体措施有：

（1）积极灭火，控制火势

火灾发生后，应尽一切可能创造条件积极灭火。直接灭火失效时，当灾区人员已撤出的情况下，应进行火区封闭，酌情选用进回风同时封闭或先进后回、先回后进的方式。在火源的进风侧建筑临时密闭，适当控制火区进风量，减少火烟生成。但需注意：火灾发生在上行风流中时，主要密闭应建在火源所在的主干风路中（密闭与火源之间无旁侧风道）。如果这种要求难以达到，则应首先把旁侧风流密闭起来，然后再密闭主干风路，以免在旁侧风路产生风流逆转和引起瓦斯爆炸。在下行风路中发火时，应首先密闭旁侧风道，暂时加大火源所在风路的风量，防止风流逆转，需要时再在火源所在风道中建造密闭。

（2）正确调度风流，避免事故扩大

火灾发生在分支风流中时，应维持主要通风机原来的工作状态，特别是在救人、灭火阶段，不能采取减风或停止主要通风机运转的措施。在多风机抽出式通风矿井，除了在进风井筒及其井底发生火灾外都不能把承担排烟任务的那台风机停转。如果火灾发生在上行风流时，在有些情况下，把其他的无火烟流经的风机停转，可能更有利些。

（3）增加排烟风路，加大排烟能力

在可能成为排烟风路上，应迅速打开风窗或已有的防火风门，甚至密闭墙，消除阻碍风流和火烟流动的障碍物，使回风线路畅通和扩大排烟能力，迅速将火烟直接导入总回风道排走。

**3. 直接灭火法**

直接火火法是对刚发生的火灾或火势不大时，可采用水、沙子、化学灭火剂、高倍数泡沫灭火器和挖出火源的办法等直接将火扑灭。

用水灭火，是利用从水枪射出的强力水流扑灭燃烧物体的火焰，而且水能浸湿物体表面，阻止继续燃烧。该法适用于火势不大、范围较小的火灾。但应注意以下问题：

（1）应有足够的水源和水量。少量的水在高温下可以分解成具有爆炸性的氢气和助燃的氧气。灭火人员一定要站在火源的上风侧，并应保持正常通风，回风道要畅通，以便将火烟和水蒸气引入回风道中排出。

（2）应从火焰四周开始灭火，逐步移向火源中心，千万不要直接把水喷在火源中心，防止大量蒸气和炽热煤块抛出伤人，也避免高温火源使水分分解成氢气和氧气。

（3）随时检查火区附近的沼气浓度。《煤矿安全规程》规定，在抢救人员和灭火工作时，必须指定专人检查瓦斯、一氧化碳、煤尘、其他有害气体和风流的变化，还必须采取防止瓦斯爆炸和人员中毒的安全措施。

（4）电气设备着火以后，应首先切断电源。在电源未切断以前，只能使用不导电的灭火器材，如用沙子、岩粉和四氯化碳灭火器进行灭火。否则未断电源，直接用水灭火，水能导电，火势将更大，并危及救火队员的安全。另外，水不能用来扑灭油料火灾，油比水轻，而且不易与水混合，可以随水流动而扩大火灾面积。

经验证明，在井筒和主要巷道中，尤其是在胶带运输机巷道中装设水幕，当火灾发生时立即启动水幕，能很快地限制火灾的发展。

用沙子（或岩粉）灭火，就是把沙子（或岩粉）直接撒在燃烧物体上能隔绝空气，将火扑灭。通常用来扑灭初起的电气设备火灾与油类火灾。沙子成本低廉，灭火时操作简便，因此，在机电硐室、材料仓库、炸药库等地方均应设置防火沙箱。

目前煤矿上使用的化学灭火器有两类：一类是泡沫灭火器；另一类是干粉灭火器。

(1) 泡沫灭火器，如图 5—5 所示。使用时将灭火器倒置，使内外瓶中的酸性溶液和碱性溶液互相混合，发生化学反应，形成大量充满二氧化碳的气泡喷射出去，覆盖在燃烧物体上隔绝空气。在扑灭电气火灾时，应首先切断电源。

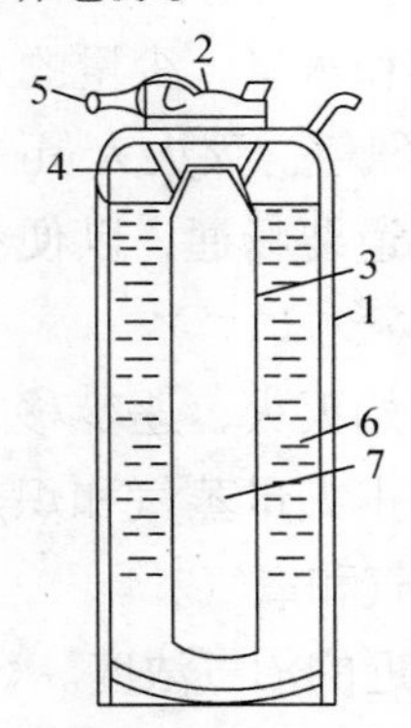


图 5—5　泡沫灭火器

1—机身　2—机盖　3—玻璃瓶　4—铁架

5—喷嘴　6—碱性药液　7—酸性药液

(2) 干粉灭火器。目前矿用干粉灭火器是以磷酸铵粉为主药剂的。磷酸铵粉末具有多种灭火功能，在高温作用下磷酸铵粉末进行一系列分解吸热反应，将火灾扑灭。磷酸铵粉末的灭火作用是：切断火焰连锁反应；分解吸热使燃烧物降温冷却；分解出氨气和水蒸气，冲淡空气中氧的浓度，使燃烧物缺氧熄灭；分解出糨糊状的五氧化二磷，覆盖在燃烧物表面上，使燃烧物与空气隔绝而熄灭。常见的干粉灭火器有灭火手雷和喷粉灭火器。

用高倍数空气机械泡沫灭火就是用高倍数泡沫剂经过引射泵被吸入高压水管与水充分混合形成均匀泡沫溶液。然后通过喷射器喷在锥形棉线发泡网上，经扇风机强力吹风，连续产生大量泡沫。井下巷道空间很容易被大量泡沫所充满，形成泡沫塞推向火源，进行灭火。高倍数空气泡沫灭火作用是：泡沫与火焰接触时，水分迅速蒸发吸热，使火源温度急剧下降；生成的大量水蒸气使火源附近的空气中含氧量相对降低，当氧的含量低于 16%，水蒸气含量上升到 35%以上时便能够使火源熄灭；另外，泡沫是一种很好的隔热物质，有很高的稳定性，所以它能阻止火区的热传导、对流和辐射等；泡沫能覆盖燃烧物，起到封闭火源的作用。高倍数泡沫发生装置有 GBP－200 型和 GBP－500 型。高倍数空气机械泡沫灭火速度快、效果好，可以实现较远距离灭火，而且火区恢复生产容易。扑灭井下各类巷道与硐室内的较大规模火灾均可采用。

**4. 隔绝灭火法**

隔绝灭火法是在直接灭火法无效时采用的灭火方法，它是在通往火区的所有巷道中构筑防火密闭墙，阻止空气进入火区，从而使火逐渐熄灭。隔绝灭火法是处理大面积内、外因火灾，特别是控制火势发展的有效方法。灭火的效果取决于密闭墙的气密性和密闭空间的大小。

(1) 封闭火区的原则

封闭火区的原则是“密、小、少、快”四字。密是指密闭墙要严密，尽量少漏风；小是指封闭范围要尽量小；少是指密闭墙的道数要少；快是指封闭墙的施工速度要快。在选择密闭墙的位置时，人们首先考虑的是把火源控制起来的迫切性，以及在进行施工时防止发生瓦斯爆炸，保证施工人员的安全。密闭墙的位置选择合理与否不仅影响灭火效果，而且决定施工安全性。过去曾有不少火区在封闭时因密闭墙的位置选择的不合适而造成瓦斯爆炸。

（2）封闭火区的方法

封闭火区的方法分为三种：

1）锁风封闭火区。从火区的进回风侧同时密闭，封闭火区时不保持通风。这种方法适用于氧浓度低于瓦斯爆炸界线（$O_2$浓度＜12%）的火区。这种情况虽然少见，但是如果发生火灾后采取调风措施，阻断火区通风，空气中的氧因火源燃烧而大量消耗，也是可能出现的。

2）通风封闭火区。在保持火区通风的条件下，同时构筑进回风两侧的密闭。这时火区中的氧浓度高于失爆界线（$O_2$浓度＞12%），封闭时存在着瓦斯爆炸的危险性。

3）注惰封闭火区。在封闭火区的同时注入大量的惰性气体，使火区中的氧浓度达到失爆界线所经过的时间比爆炸气体积聚到爆炸下限所经过时间要短。

后两种方法，即封闭火区时保持通风的方法在国内外被认为是最安全和最正确的方法，应用较广泛。

（3）防火墙的类型

根据防火墙所起的作用不同，可分为临时防火墙、永久防火墙及耐爆防火墙等。

（4）建立防火墙的顺序

火区封闭后必然会引起其内部压力、风量、氧浓度和瓦斯等可燃气体浓度变化；一旦高浓度的可燃气体流过火源，就可能发生瓦斯爆炸。就封闭进回风侧密闭墙的顺序而言，目前基本上有两种：

一是先进后回（又称为先入后排）；二是进回同时。

在火区无瓦斯爆炸危险的情况下，应先在进风侧新鲜风流中迅速砌筑密闭，遮断风流，控制和减弱火势，然后再封闭回风侧，在临时密闭的掩护下构筑永久防火墙。

在火区有瓦斯爆炸危险的情况下，应首先考虑瓦斯涌出量、封闭区的容积及火区内瓦斯达到爆炸浓度的时间等，慎重考虑封闭顺序和防火墙的位置。通常在进、回风侧同时构筑防火墙以封闭火区。

**5. 混合灭火法**

混合灭火法就是先用防火墙将火区封闭，然后再采取其他灭火手段，如灌浆、调节风压和充入惰性气体等加速火的熄灭。

## 四、矿井瓦斯爆炸事故的应急救援的技术保障

矿井一旦发生瓦斯爆炸事故，井下人员及财产处于极度危险境地，必须尽快组织抢救，刻不容缓，可以说是与时间展开赛跑。但救灾抢险还必须遵守一定的原则和程序，避免盲目指挥、愚昧蛮干而造成不必要的损失和人员伤亡。救灾的基本原则是“沉着指挥，科学决策，协调行动，安全快速”。具体的处理程序是：首先应设法撤离灾区人员，抢救遇难人员；视情况立即切断通往事故地点的一切电源；通知救护队；迅速成立救灾指挥部，严格按照《矿井灾害预防和处理计划》的要求，设立若干抢救组各行其责；尽快恢复通风系统，排除爆炸产生的有毒有害气体，寻找遇难人员，同时设法扑灭各种明火和残留火，以防再次引起爆炸。所有生存人员在事故发生后，应统一、镇定地撤离危险区。遇有一氧化碳中毒者，应及时将其转移到通风良好的安全地区。如有心跳、呼吸停止者，立即在安全处进行人工心肺复苏，不要延误抢救时机。

在处理瓦斯爆炸事故的过程中，经常会遇到以下几方面的技术难题，需要及时而果断地做出判断：

（1）事故发生后是否应该切断灾区电源。切断电源可能产生电

火花，引起再次爆炸，不切断电源由于灾区供电遭到损坏，随时有触电威胁，也有产生火花可能，此为难点一。

(2) 如何正确调度通风系统，尽快排除灾区的有害气体，控制事故范围，这是处理瓦斯爆炸事故的关键。由于事故发生的地点、条件不同，爆炸后是否引起了燃烧或火灾决定了通风系统的调度方式（反风、短路、加强通风等）的不同，此为难点二。

(3) 如何安全、快速地恢复掘进巷道或无风区域的通风，避免再次爆炸，此为难点三。

因此，如果爆炸发生在掘进巷道内，其内积存有大量的瓦斯和有害气体，有可能存在火源，如遇难者损坏的矿灯放电等，一旦恢复通风，氧含量上升，达到爆炸条件就极易引发二次爆炸，其危害是相当严重的。未恢复通风时，由于氧浓度很低，不会爆炸。

要解决上面几个难题，必须在事故发生的第一时间内要尽可能多地了解和掌握事故的情况及发展状况，对事故的相关情况、原因及应采取的主要措施做出初步判断，并迅速制定救灾的技术方案。

(1) 接到瓦斯爆炸事故的汇报后，是否迅速切断灾区电源。其判断的标准是：切断电源会否引起再次爆炸，若能断定不会引起爆炸，则必须切断灾区电源。但往往是时间紧、情况不清，无法准确判断，又容不得半点犹豫不决和拖延。这时要看引发爆炸事故的瓦斯来源及事故地点一般瓦斯涌出的速度来综合分析。如果是瓦斯突出或突发性的瓦斯来源而引发的瓦斯爆炸，那么就不宜改变供电状况，要维持现状，因为瓦斯突出后瓦斯来源充足，涌出量大，灾区内充满了大量的高浓度瓦斯，改变供电状况，产生电火花，容易引起瓦斯再次爆炸；如果不是突出引起的或突发性的瓦斯来源，是一般的积聚，而且瓦斯涌出速度不快、量不大，则必须迅速切断灾区电源。

(2) 正确调度通风系统，控制灾区范围。尽快排除灾区有害气体，这是处理瓦斯爆炸事故技术关键。由于每次瓦斯爆炸事故的情况和条件不同，采取的措施和办法也不同，首先必须判断爆炸是否引起了火灾，其判断的依据：一是得到确切汇报；二是通过检测灾区回风系统的CO等有毒气体的变化来加以判断。如果确认灾区发生了火灾或有燃烧火源存在，其处理方法必须参照《矿井灾害预防和处理计划》的“火灾事故处理内容”进行处理（在此不做过多论述）。若能判定爆炸未产生火灾或不存在燃烧火源，则须采取加大风量，强化通风的措施（控制其他地点风量、开大功率的风机，甚至还可考虑启动备用风机等措施）。反风的办法必须慎重选择，只有在能救更多的人时才采用，一般情况下不宜反风。在恢复通风系统的程序上，必须遵循“先大后小，先主后次”的原则。即先恢复主要设施、修复主要通风巷道，再恢复其他地点，以求取得好的效果。

（3）安全、快速地恢复掘进巷道的通风，寻找遇难人员，尽快结束救灾工作。如果按照一般的方法逐步恢复通风，则存在容易引发二次爆炸的问题，给救灾人员带来严重的威胁。为了确保安全，建议采用“一次恢复，远距离启动”的办法，具体操作是：由救护队员待机在巷道内接好风筒（由于巷道内缺氧，即使有高浓度瓦斯、有火源存在，也不会爆炸），然后，所有人员撤离至安全区域，实行远距离启动局部通风机恢复供风，即使有再次发生爆炸的可能，也能确保救灾人员的人身安全。此方法在多次处理瓦斯爆炸的事故实践中，取得了很好的效果，十分成功。

## 五、矿井突水事故的应急救援的技术保障

矿井发生突水事故后，应立即通知救护队组织抢救。同时，根据事故地点和可能波及的地区撤出人员，并关闭有关地区的防水闸门，切断灾区电源。启动全部排水设备加速排水，防止整个矿井被淹。

处理突水事故的一般原则如下：

（1）迅速判定水灾的性质，了解突水地点、影响范围、静止水

位，估计突出水量、补给水源及有影响的地面水体。

（2）掌握灾区范围、搞清事故前人员分布，分析被困人员可能躲避的地点，以便迅速组织抢救。

（3）根据突水量的大小和矿井排水能力，积极采取排、堵、截水的技术措施。

（4）加强通风，防止瓦斯和其他有害气体的积聚和发生熏人事故。

（5）排水后进行侦察、抢险时，要防止冒顶、掉底和二次突水。

（6）抢救和运送长期被困井下的人员时，要防止突然改变他们已适应的环境和生存条件，造成不应有的伤亡。

发生突水后常常有人被困在井下，指挥者应本着“积极抢救”的原则，争时间、抢速度，采取有效措施使他们早日脱险。但是，有时排水时间较长，人员未被救出，有的指挥者便认为他们不能活着被救出，从而抢救决心不大，信心不足。或者，外部水位超过遇险人员所在地的标高时，便误认为遇险者已失去生存条件，从而抢救行动缓慢，甚至放弃抢救。在抢救过程中出现这些问题往往会贻误战机，使遇险人遭受更大痛苦，甚至失去生命。作为指挥者，在突水事故发生后，应正确判断遇险人员可能躲避的地点，科学地分析该地点是否具有人员生存的条件，然后积极组织力量进行抢救。当躲避地点比外部水位高时，大家都坚信该处有空气存在，遇险人员可能生存，对于这些地点的人员，应利用一切可能的方法（如打钻或掘进一段巷道等）向他们输送新鲜空气、饮料和食物。当积水不能排除，且不具备打钻的条件时，为保障他们的生命安全，可考虑进行潜水救护。即由潜水救护队员潜水进入灾区，将携带的氧气瓶、饮料、食物、药品等送给遇险人员，以维持起码的生存条件。当避难地点比外部最高水位的标高低时，有两种情况发生：

（1）突水时洪水能直接涌入位于突水点下部的巷道（如平巷、下山等），并把它们淹没，一般情况下，这些地点不会有空气存在，也就不具备人员生存条件，误入这些地点避灾的人员，将无生还可能。然而，多次出现过人员躲在水位下平巷或下山高冒处获救的案例。

(2) 当突水点下部巷道全断面被水淹没后，与该巷相通的独头上山等上部独头巷道，如不漏气，即使低于外部最高洪水位时，也不会全部被水淹没，仍有空气存在。在这些地点躲避的人员具备生存的首要条件，如果避难方法正确（如心情平静、适量喝水、躺卧待救等)，是能生还的。这在矿井水灾实例中并不罕见。

突水事故发生后，有些地点具有人员生存条件的，即使躲避较长时间也不至于生存无望。对于那些低于外部水位的避难地点，则严禁打钻，防止独头空气外泄、水位上升、淹没遇险人员。最好的办法是加速排水，及早营救他们。

发生透水事故后，在分析遇险人员生存条件时，要认真分析避难场所的空气质量，并以此估算遇险人员在该空间中能生存的最长时间。一般来讲，在下列空气质量条件下，避险人员就有生存的可能：$O_2 \geqslant 10\%$，$CO_2 \leqslant 10\%$，$CO \leqslant 0.04\%$，$H_2S < 0.02\%$，$NO_2 < 0.01\%$，$SO_2 < 0.02\%$。透水后，若避难地点中没有或有很少 $CH_4$ 及其他有害气体，往往只按 $O_2$ 减至 10%和 $CO_2$ 增到 10%所需的时间(取两者中最小值）估计人员能生存的最长时间。估算时按避难地点中原有 $O_2 = 20\%$、$CO_2 = 1\%$，平卧不动时每人耗氧量 0.237 L/min、呼出 $CO_2$ 量为 0.197 L/min 计算。若避难人员年轻、性情急躁，不能安静平卧待救，则每人耗氧量按 0.3～0.4 L/min 计算。

水是人体的重要组成部分，人体有 78%是由水组成的。水虽无营养价值，但人在断食情况下，喝水可以促进人体内新陈代谢的进行，消耗体内自身储存的糖、蛋白质，以维持人体能源的供给。一旦缺食物，又缺水，人体内的酸碱平衡就不能维持，体内废物就无法排出，而导致人体中毒，甚至死亡。被困人员只要有空气、水，就可以生存一段时间。资本主义国家，举行饥饿比赛在只喝水的情况下，世界最高纪录能活 58 天。不吃不喝，生命却只能维持 7～8 天。医学界分析，一个体重 65 kg 的正常男子，体内储存的可供利用的热量为 68 700 kcal。人在空腹静卧情况下，每 24 h 消耗 1 400～1 800 kcal，即其储存的能量（热量）理论上可供 38 天的消耗。当然，即使在长期饥饿情况下，体内储存的能量也不可能完全耗竭后人才死去。即被困人员依靠体内储存的能量维持生命要比 38 天短。据目前掌握的实际资料，在井下避难（绝食）16 天、23 天和 32 天、34 天的遇险人员，经医治后仍能重返采掘第一线。

实践证明，抢救长期被困在井下的人员时，如不采取相应措施，幸存的人员也会死亡。因为他们长时间生活在有限空间，呼吸的空气污浊，呼吸系统遭到损伤。他们长期饥饿，消化机能衰退、血压下降、脉搏慢、神志不清。他们长时间生活在黑暗中，瞳孔放大，靠人的意识去识别物体，视觉系统遭损。因此在抢救被长期围困的人员时，禁止用灯光直接照射他们的眼睛（可使光束避开他们的眼睛；或用红布、衣片罩住灯头，使光线减弱；或用布蒙住他们的眼睛）；保持体温、进行体检并给予必要的治疗（包扎、输液等）；不能立即抬送出井口，应分段搬运到安全地点，让其逐渐适应环境；不能吃硬食和过量食物，以免损坏消化系统；短期内不要让其亲友探视，以免过度兴奋造成血管破裂。

## 第五节 应急终止

事故应急救援工作结束后，指挥部总指挥应立即宣布此次应急救援活动结束，并通知应急救援队全体成员和本单位相关部门。对于需要保护事故现场的，应及时安排人保护，以便随后的事故调查。

## 一、应急终止的条件

符合下列条件之一的，即满足应急终止条件：

（1）事故现场得到控制，事故条件已经消除。

（2）事故所造成的危害已经被彻底消除，无继发可能。

（3）事故现场的各种专业应急处置行动已无继续的必要。

## 二、应急终止的程序

（1）对事故现场经过应急救援预案实施后，引起事故的危险源得到有效控制、消除。

（2）所有现场人员均得到清点。

（3）不存在其他影响应急救援预案终止的因素。

（4）现场救援指挥部确认终止时机，或事故责任单位提出，经现场救援指挥部批准。

（5）现场救援指挥部向所属各专业应急救援队伍下达应急终止命令。

## 三、应急终止后的行动

### 1. 预案终止后恢复工作

应急救援预案实施终止后，应采取有效措施防止事故扩大，现场清理必须有方案、有措施、有组织地进行，防止盲目进行，造成进一步的财产损失和人员伤亡，保护好相关的物证。清理完毕，经有关部门认可后可恢复施工生产。

### 2. 善后处理工作

造成人员伤亡的事故，对伤亡事故家属做好安抚工作，避免扩大影响，并按照《企业职工伤亡事故分类》（GB 6441—1986）做好赔付。

### 3. 事故总结汇报

救援结束后，按照上级和当地政府主管部门的要求，据实汇报事故情况。按照“四不放过”原则进行事故处理，同时对应急救援预案实施的全过程，认真科学地做出总结，完善应急救援预案中的不足和缺陷，为今后的预案建立、制定、修改提供经验和完善的依据。同时，对表现突出的单位和个人应给予表彰；对玩忽职守，给应急工作造成危害的单位和个人，视情节给予通报批评或相应的行政处分。

# 第六章 煤矿安全事故典型应急救援案例

深入研究典型救援案例，对于加强煤矿救援体制、机制、法制建设，提高救援技术战术水平，提高抢险救灾实战能力，具有重要的借鉴和指导意义。

## 第一节 七台河东风煤矿“11·27” 煤尘爆炸事故救援

2005 年 11 月 27 日，黑龙江龙煤集团七台河分公司东风煤矿发生特别重大煤尘爆炸事故，波及全矿井，造成 171 人死亡，48 人受伤。

此次救援动用了 4 个救护大队和 1 个救护中队。救援中建立了现场作战指挥部，实行了专业化救援指挥。专家提供了全过程的技术支持。运用移动气体分析车对重点区域气体连续监测，有效地防止了二次爆炸。黑龙江省政府、龙煤集团组织了技术、物资、人员保障，成功地组织了一次联合作战。

### 一、矿井概况

东风煤矿于 1956 年建井，核定生产能力 50 万吨/年。斜井、立井联合开拓，中央并列式通风，4 个斜井入风，立井回风。矿井瓦斯等级为高瓦斯矿井，相对涌出量 18.14 $m^3/t$，绝对瓦斯涌出量

22.28 $m^3$/min，煤尘爆炸指数32.3%～35.2%，具有强爆炸性。矿井划分±0 m水平、-200 m水平，3个生产采区，开采5个煤层，煤厚0.6～0.9 m。6个回采工作面、16个掘进工作面，井下作业人员243人。

## 二、事故情况

当日21：22，东风煤矿值班人员听到巨响，随即全矿停电、井下通信中断，地面皮带机房被摧毁、皮带斜井井颈坍塌、主扇停运、防爆门动作。事故调查认定，在处理275皮带道煤仓堵塞时，违规放炮引爆煤尘，波及全矿。

## 三、救援情况及典型意义

（1）22：05矿长得到报告赶到调度室，22：30七台河分公司救护大队（包括七台河市救护队）接到命令，22：32出动，22：57入井救援。

（2）22：57四个救护小队分别从人车井、副井、皮带井主井进入灾区侦察。发现爆炸波及全矿各个采区所有机电硐室。在一采区候车石门、水仓、变电所、车场发现53名遇难人员，8名幸存矿工，救护队用2 h氧气呼吸器和自救器，救助幸存矿工升井。

（3）联合作战。28日5：00，鸡西救护大队5个小队55人到达；8：00，鹤岗国家救援基地5个小队70人到达；8：30，双鸭山救护大队长4个小队49人到达。

成立救护队抢救行动指挥部（煤矿救护联合作战指挥部）。龙煤集团安全监察部部长担任总指挥，七煤救护大队长、鹤煤救护大队长、鸡煤救护大队长、双煤救护副大队长担任副总指挥。

统一指挥，统一图件，协调行动。总指挥一人下达指令、各队专人报告情况，东风矿生产技术、通风、机电、后勤保障人员在指挥部随时提供技术资料和物品供应。

（4）专家组提供全过程技术指导。由七台河分公司总工程师等20多名采矿、通风、瓦斯、安全工程技术等方面人员组成技术组。特别聘请鹤岗矿务局原副总工程师、通风瓦斯专家于立恒任技术顾问。

科学制定救援总体方案。设置井下救灾指挥基地，靠前指挥；构筑临时通风设施，恢复灾区通风；保障主扇运行，稳定通风系统；连续监测矿井气体，防止二次爆炸。

（5）各队分区域负责，逐段开展搜救。侦察小队将侦察路线、伤亡人员体态位置、灾区内的情况做出素描，并在工程图上标注，每队用不同颜色标明以便区分。

4个救护大队和1个救护中队，共出动35个小队，398名指战员，待机100队次、886人次；进入灾区112队次、855人次；恢复各种临时密闭210道，排放巷道瓦斯5 140 m。历时9昼夜195 h，救出遇险人员73人，遇难人员169人。

## 四、救援中的难点、重点

（1）三采区高温、瓦斯威胁的处理。三采区为主要生产区，布置了2个回采工作面，1个备用工作面，8个掘进工作面，92人全部遇难。

29日凌晨搜救侦察中发现30101、30103掘进工作面口有过火迹象，CO浓度为4 300 ppm、$CH_4$浓度为11%，温度为31℃，煤尘沉积严重。指挥部连续派出3支队伍进入侦察，关键时刻鹤岗国家级救援基地发挥了重要作用，全面掌握了灾区情况，并运用移动气体分析车实施连续气体监测。最终采取排放瓦斯措施消除了爆炸威胁。

（2）救援过程中发现东风煤矿井田范围内有19个小煤矿，威胁着救援安全，是否受到波及情况不清，指挥部安排煤监机构、煤矿救援中心、地方管理部门等组成4个督察组逐一排查，停产关闭，确保了救援安全。

## 第二节　陈家山“11·28”事故救援

### 一、矿井概况

陈家山煤矿位于陕西省耀州区（原耀县）北部，为焦坪矿区西部边缘井田，隶属于陕西省铜川矿务局，属国有企业。矿井分别于1979年6月和1982年12月分两期工程建成投产。矿井核定生产能力260万t，井田走向5.5 km，倾斜长3.7 km，面积20.4 km²，可采储量1.5亿多吨，2004年申报核定生产能力2.41 Mt，服务年限77年。

井田内煤、油、气共生，火、瓦斯等自然灾害严重。矿井主要开采侏罗系4—2#煤层，平均可采厚度12 m。2004年矿井瓦斯申报鉴定结果为：矿井绝对瓦斯涌出量107.61 m³/min，相对瓦斯涌出量20.44 m³/（t·天），属高瓦斯矿井。煤层有自然发火危险，发火温度336℃，发火期3～6个月，最短发火期24天，属易自燃煤层；煤尘爆炸指数为35.42%，火焰长度大于400 mm，有爆炸危险。矿井采用平硐与斜井开拓方式、走向长壁综合机械化低位放顶煤开采方法、全部垮落法管理顶板。矿井采用多井筒进风、采区分区抽出式回风的通风方式，目前仅开采四采区，实现了一矿一面的集约化开采模式。

（1）矿井通风系统

矿井共有8个进风井筒，1个回风井筒。进风井风量分配如下：平硐860 m³/min，二总回920 m³/min，二轨上800 m³/min，二皮上328 m³/min，三区人行320 m³/min，四总回2 408 m³/min，四轨下2 065 m³/min，四皮下520 m³/min，总进8 221 m³/min。安子

沟风井总回风 8 491 $m^3$/min，有效风量率为 85.3%。2003 年 8 月对矿井通风系统进行技术改造，新建安子沟回风井，矿井主扇型号为：BDK－8－No.28（对旋式），电机功率为 2×355 kW，其中一台工作，另一台备用，最大通风风量可达到 10 000 $m^3$/min。

（2）415 采煤工作面通风系统

415 工作面是矿井唯一采煤工作面，于 2004 年 2 月 15 日投产，已回采 800 m 以上。工作面采用两进两回通风方式，即运顺进风通过工作面，由回顺回风，还有一部分风流经采空区进入高位巷，形成高瓦斯浓度风流。灌浆巷进风，一部分经局部通风机进入灌浆巷横川以里，供瓦斯抽放、灌浆防灭火等作业用；主体风流经与高位巷连接的横川进入高位巷，与高位巷中高瓦斯浓度的风流混合，将瓦斯浓度稀释到 2.5%以下，由高位巷回风；在高位巷横川以里的一段较长时，由灌浆巷引入局部通风机供风，将高瓦斯浓度段控制在 30 m 以内。

415 运顺进风量 920 $m^3$/min（联巷以里）$CH_4$ 含量为 0.1%，415 联巷 120 $m^3$/min，回顺里段风量 860 $m^3$/min，$CH_4$ 含量为 0.68%，排瓦斯量 5.85 $m^3$/min，高位巷风量 1 350 $m^3$/min，$CH_4$ 含量为 1.8%，排瓦斯量 23.67 $m^3$/min，灌浆巷风量 1 400 $m^3$/min，合计风排瓦斯量 29.52 $m^3$/min。

第一次瓦斯爆炸前 415 回采工作面距 6＃横川 18 m，高位巷利用 6＃横川全负压掺新风。当工作面采过 6＃横川时利用局扇掺新风，局扇已移设在 4＃横川以外。灌浆巷内共安设了 3 套（6 台局扇），其中 2 套使用，1 套备用，2 套局扇 2 趟风筒由 4＃横川向高位巷准备掺新风，按矿务局规定风筒末端距工作面距离不超过 30 m。另有 1 套局扇 1 趟风筒正向灌浆巷施工灭火钻孔和抽放钻孔的人员供风，所有局部通风全部实现了双风机双电源自动切换，自动分风功能。

（3）矿井瓦斯治理情况

矿井主要采用风排和抽放两种方式治理瓦斯。矿井设有 3 套独立的瓦斯抽放系统。

事故前矿井绝对瓦斯涌出量为 79. 04 $m^3$/min，风排 52. 25 $m^3$/min，抽放 26. 79 $m^3$/min，矿井瓦斯抽放率 33. 89%。

415 工作面风排瓦斯量 29. 52 $m^3$/min，瓦斯抽放量 20. 25 $m^3$/min，合计瓦斯涌出量 49. 77 $m^3$/min，瓦斯抽放率为 40. 69%。

## 二、事故情况

2004 年 11 月 23 日 10：20—10：30，上隅角附近施工一个 7 m 深钻孔，装药 11 卷长 5. 5 m 和三个雷管，起爆松动顶煤后不久，即在约 10：40 上隅角采空区发生瓦斯爆燃，在 83＃～89＃架后溜槽处发现明火，并伴随大量青烟。11：05 矿救护队采用干粉灭火器直接灭火，12：23 救护队汇报明火已扑灭。24 日 7：14 开动煤机，工作面向前推进。12：10 上隅角再次发生瓦斯爆燃，工作面烟雾很大。12：14 发现 53＃架的尾梁下部着火，采用洒水灭火，12：36 明火扑灭。为了摆脱火的威胁，决定工作面只割煤不放顶煤，加快推进速度，要求日推进度 7 m 以上。于是从 16：00 到 28 日爆炸前共推进了约 27 m，同时在灌浆巷灌浆、注凝胶，在工作面架间喷洒阻化剂，在联络巷利用抽放钻孔向采空区注水。同时将工作面机头逐步抬高约 1. 5 m，运输机巷也进行挑高作业。为确保高位巷能够有效排放工作面架后瓦斯，以降低上隅角瓦斯浓度，对工作面高位巷两侧顶煤每日至少实施两次松动爆破。28 日，约 6：40 电工向调度汇报说，二次机尾拉过，采煤机快到机头停机，拉转载机。约 7：10 四泵房安检员汇报听到爆炸声、巷道烟雾大，随之安子沟抽放泵站电话汇报，安子沟风井防爆门被摧毁，有黑烟冒出。

## 三、救援情况

矿迅即成立救灾指挥部，并在井下设立抢救基地。矿救护中队

7：38 入井，局救护大队 8：27 入井，下石节、广阳、崔家沟救护中队及蒲白、澄合、韩城矿务局救护队及时赶到投入抢险，先后抢救伤员 45 人，并对 416 运顺、416 灌浆巷、415 运顺、415 灌浆巷、417 回顺及采区轨、运、总回下山延伸巷等系统进行了勘察，对 415 回顺、灌浆巷、高位巷入口打上板闭。29 日 7：20 恢复了主要通风系统，12 月 2 日凌晨实施对 415 入口密闭喷聚氨酯强化密闭效果，同时向密闭区内实施注氮气，凌晨 3：25 发生二次爆炸，到 10：53 相继发生 4 次爆炸。

### 四、救援中的难点、重点

瓦斯爆炸无孔不入，而且瓦斯爆炸后有害气体严重，人呼吸一口就足以致命，同时，陈家山矿井下的情况非常复杂，既有瓦斯又有火，不通风，瓦斯浓度降不下来；恢复通风，虽然可以降低瓦斯浓度，同时也增加井下供氧量，可能引起新的爆炸。理论上说，只要陈家山煤矿井下火源不灭，就存在连续发生 50 次、100 次爆炸的可能。而为了尽快搜寻井下幸存的被困矿工及遇难者的遗体，抢险指挥部采取了修复通风系统的方案，采取的措施是正确的。而且组织指挥得当，二次爆炸时未发生新的人员伤亡。

## 第三节　陕县支建煤矿“7·29”　事故救援

2007 年 7 月 29 日，河南省陕县支建煤矿所在地连降暴雨，造成井下水平巷道被淹 600 余米。当班下井的 102 名矿工中 69 人井下被困。事故发生后，从中央到地方的各级领导高度重视，有关各方快速反应，全力以赴，科学施救。经过 76 h 的紧急救援，69 名被困矿工全部生还。8 月 4 日矿工全部康复出院，取得了抢险救援工作的全面胜利。

事故救援过程中，义煤集团在这次抢险中顾全大局，不讲条件，不计代价，成建制组织1 300余名干部职工投入抢险救援，为夺取抢险救援的全面胜利做出了突出贡献；武警河南省总队和河南省公安消防总队充分发扬“一不怕苦、二不怕死”的精神和不怕疲劳、连续作战的优良作风，成功切断了河床泄漏通道，为抢险救援圆满成功做出了重要贡献。

## 一、矿井概况

河南省三门峡市陕县支建矿业有限公司支建煤矿属国有地方煤矿，1958年建矿，为生产矿井，年设计生产能力21万t，实际生产能力30万t，属低瓦斯矿井。这次事故是因河床水通过采空区涌入井下，导致井下两条水平巷道和两条倾斜巷道被淹没造成，透水量3 000 $m^3$。

## 二、事故情况

2007年7月29日8：40，位于河南省陕县的支建煤矿所在地连降暴雨，降雨量达115. 2 mm，造成洪水经废弃的铝土矿溃入煤矿，井下水平巷道被淹600余米。当班下井的102名矿工中33人及时升井，其余69人井下被困超过75个小时。

## 三、事故救援过程

7月29日8：40左右，陕县支建煤矿东风井因暴雨引发地面洪水，经露头铝土矿坑和矿井老巷渗入井下，冲垮三道密闭，导致+260 m水平巷道被淹，矿方立即组织井下人员撤离，该班下井人员为102人，其中33人及时升井，69人被困井下。

事故发生后，党中央、国务院领导同志当即批示，要全力施救，科学施救，严防次生事故发生，确保被困矿工的生命安全。紧接着，又做出第二次批示，要求在前一段抢救工作的基础上，进一步按既定抢险方案，加大组织施救力度，切实防范出现新的险情，尽早救出被困矿工，在确保安全的情况下，工作推进越快越好，营救矿工越早越好，伤亡人员越少越好，努力做到无一人伤亡。

接到事故报告后，河南省高度重视，省委、省政府有关领导已赶赴事故现场，省安全生产监督管理局、省煤炭工业局、三门峡市等相关单位负责人也到现场指挥抢险。国家安全生产监督管理总局、国家煤矿安全监察局局长率有关人员赶赴事故现场指导抢险救援，并对事故的抢救工作提出意见：立即启动应急救援预案，成立抢险指挥部，全力组织事故抢救工作，详细核查井下人数，制定严密的抢救措施，抢救被困人员；要进一步分析检查地面透水点，采取有针对性的安全技术防范措施，确保彻底切断地面补给水源；要确保地面压风系统向井下连续供风，为井下被困人员提供生存条件。同时，要尽快从地表向井下被困人员所在巷道打钻孔，以确保事故现场有足够的氧气；立即组织排水设备，制定和落实排水方案和措施，加大排水能力；在事故抢救过程中，确保抢救人员的安全，防止发生次生事故。

现场救援指挥部首先制定了“一堵、二排、三送风”的抢救方案。300 名武警官兵冒着大雨在河床透水的地段奋战一整夜，堵实了河泄漏通道，为井下及时开展抢救工作创造了安全条件。指挥部整建制调度义马煤矿集团救灾队伍，整批量调动救灾设备，坚持轨道运输巷和皮带运输巷两个施工地点同时施工，同时抢险。三台风机轮流送风，使井下矿工能够呼吸到正常空气。

7 月 30 日，指挥部成功通过通风管，将 400 kg 牛奶送到井下，为被困矿工保存体力、等待获救赢得了时间。

7 月 31 日，巷道清淤进度明显加快，通过抽水，井下水位不断下降。保持畅通的井下固定电线联系，有效地稳定了被困矿工的情绪。

矿工在救援队员的搀扶下陆续走出井口后，现场等候的 20 多辆救护车和 100 多名医护人员，在立即简单检查后将他们紧急送往医院。12：30，首名获救的矿工送至三门峡市中心医院，接受全面的检查和治疗。

## 四、救援中的难点、重点

（1）地面有强降雨，河水流量明显加大。考虑到矿井附近地质复杂，可能威胁井下救援人员安全。必须首先完成堵水任务，才能保证救援人员的安全和救灾工作的进行。将近 20 h 抢堵洪水渗漏的战斗中，武警官兵 300 多人先后搬运沙袋 1.1 万袋，在河床三面筑起 80 m 长的防渗堤坝，铺设防渗河床 200 m，以最快的速度堵住了洪水下泄，在第一时间解决了抢险救援工作的最核心问题。

（2）积水量过大，清淤队员在不足 1 m 高的巷道内作业，只能跪着或趴着，铁锹施展不开，只能用手扒，工作环境十分恶劣，清淤推进速度慢。

（3）救援工作迫近最后关头，在巷道内外淤泥清理贯通之时，巷道内部的二氧化碳和瓦斯大量涌出，抢险作业点二氧化碳浓度一度上升到 3%，瓦斯浓度达 2%，出现了可能发生瓦斯爆炸的危险，增大了救灾难度。

（4）煤矿技术专家与省市领导共同商讨救援方案，反复论证每一个技术细节，做出了合理的救灾方案，首先找到透水点，堵住水源。执行一堵，坚决堵住地面水源，不再渗漏；二排，加快井下排水、清理矿渣的速度；三送，送风、送氧，后发展为送牛奶、送面汤的抢救方案。

（5）在我国的矿难史上，成功利用通风管道为井下受困人员输送氧气、面汤、鲜牛奶，尚属首次。当由于空气被巷道阻断，井内二氧化碳含量增高，井下人员开始出现胸闷、心慌等症状时，指挥部果断决定：通过压风管压入医用氧气。压风管路、防尘管路、通信线路，这三条管道，在这次抢险中成为被困矿工名副其实的“生命线”。

（6）救援时间长，井下工人干部和共产党员们起到了非常重要的救援作用，展开的自救互救为救援成功延长了时间。在潮湿黑暗和憋闷中煎熬30个小时后，有几个年轻矿工逐渐失去了耐心，精神濒于崩溃。危难时刻，共产党员吉某、李某，入党积极分子朱某、曹某等站出来成立了“临时队委会”，分工明确，朱某总负责，并与吉某一起负责与井上联络；曹某负责稳定人心；维修队副队长兰某、机电队班长张某、采煤队副队长何某，分别负责各自队伍；安检员宁某、郭某二人负责瓦斯监测和水位观察。通过顽强的斗志，成功地生存了70多个小时等待救援，为成功救援提供了保障。

## 五、科学成功救援的典型意义

河南省三门峡市支建煤矿69名矿工被困，由于党和政府高度重视，井上救援人员全力施救，井下被困矿工不屈自救，76 h后69名矿工成功获救，获得重生，这是我国矿难抢险救援史上的一个奇迹！

这次矿难的成功抢险过程，充分展现“一方有难，八方支援”的人道主义精神，69名矿工兄弟的安危牵动着全国人民的心，抢险救援中的各个方面都体现出一系列崇高的精神：

（1）立党为公、执政为民的精神

各级党委、政府和各级领导干部把群众的生命安全放在首位，在第一时间到达现场组织和指挥抢险救援工作，下定决心，采取措施，要把被困矿工全部救出来，充分体现了各级党委、政府的立党为公、执政为民的精神。

（2）果断决策、讲究科学的精神

这次抢险救援遇到的情况非常复杂，如果没有果断的决策、科学的决策，不可能取得这么好的效果。及时科学正确地制定了“一堵二排三送风”的方案，并根据现场情况及时解决了出现的问题，在实施过程中又创造性地通过通气管输送牛奶、面汤，有效地增强了被困矿工的体力和精力，为救援工作赢得了时间，确保了救援抢险工作的顺利进行。

（3）英勇顽强、不怕牺牲的精神

这一精神体现在抢险救援队伍中，就是他们冒着洪水二次进入井下的危险，冒着瓦斯袭击的危险，克难攻坚，千方百计抢救井下矿工的生命；体现在69位矿工身上，他们遇到灭顶之灾，没有惊慌失措、哭天喊地，他们团结起来，组织起来，互相帮助，互相鼓励，保持了体力，稳定了情绪，有效地配合了地面的救援抢险工作。

（4）以人为本、顾全大局的精神

为了抢险救人，各级各单位都表现出强烈的大局意识，发扬无私奉献精神，要钱给钱、要物给物、要人给人，不讲价钱，不讲条件，积极主动、全力以赴投入到救援抢险工作中。

（5）军民团结、拥军爱民的精神

当危难来临时，当人民利益受到威胁的时候，人民子弟兵义无反顾地出现在最危险的地方、最需要的地方，把危险留给自己，把希望留给别人，表现了军民鱼水深情。在这次救援抢险工作中，武警战士冒着大雨、冒着酷暑，不怕牺牲、不怕困难，圆满完成了堵水的艰巨任务。地方的同志关心部队指战员的安危，为他们的抢险工作提供服务。

## 第四节　丰城上塘镇榨里“8·16”透水事故救援

2007年8月16日4：50，丰城矿务局上塘镇榨里一号井北大巷档头发生透水事故，造成矿井南翼作业的14名矿工被困。事故发生后，省委省政府高度重视，发出紧急救援令，丰城矿务局救护大队和江西煤矿抢险排水站先后紧急出动，各级各部门密切配合，实施紧急救援。经过 33 h 的抢险救灾，14 名被困矿工成功救出，安全升井。

## 一、矿井概况

丰城矿务局上塘镇榨里一号井，位于江西省丰城市上塘镇境内，属证照齐全的私人股份制煤矿。1971 年，为支持中央企业丰城矿务局的发展，经江西省革命委员会批准，将丰城市尚庄公社的田西大队、曲江公社的坪湖、上塘三个大队划归丰城矿区管理委员会管辖至今，即现在的上塘镇。

丰城矿务局上塘镇榨里一号井始建于 1996 年，1997 年投产，设计生产能力 3 万 t，2006 年核定生产能力 2 万 t，2007 年 1—7 月生产原煤 1.8 万 t。矿井主要开采王潘里段 C 煤组煤层，可采煤层有 C8、C9 两层，煤层赋存较稳定，厚度 0.4 m，倾角 8°～150°。相对瓦斯涌出量为 9.72 $m^3$/t，绝对瓦斯涌出量为 0.184 $m^3$/min，二氧化碳绝对涌出量为 0.971 $m^3$/min，二氧化碳相对涌出量为 48.94 $m^3$/t，属于低瓦斯矿井。矿井水文地质简单，矿区地表无大型水体，主要为大气降水，有井筒地表渗漏煤层底板少量涌水，矿井正常涌水量 15 $m^3$/h，最大涌水量为 40 $m^3$/h。在上塘镇榨里一号井北部边界，有老上塘镇榨里二号井开采的采空区。老上塘镇榨里二号井建于 1997 年，2002 年关闭。老上塘镇榨里二号井曾在矿区南部开采了 C8 煤层，C8 煤层采空区积存了大量积水。

矿井采用立井开拓，共有三个井筒，主井、副井和风井，中央并列式通风，主井、副井进风，风井回风，风井安装有两台型号为 YBF-NO. 10/22kW 主扇，采掘布置为单水平沿煤层布置。矿井主井采用矿桶提升物料，副井安装有提升罐笼提升人员。矿井在主井底安装三台水泵排水，一台正常运转，一台备用，一台检修，单台水泵排水能力 43 $m^3$/h，扬程 90 m。

## 二、事故发生经过

8 月 15 日 15：40 左右，上塘镇安监科根据上级要求，电话通知上塘镇所有煤矿全面停产整顿。榨里一号井中班（16：00 班）没有人员下井。矿长吴某考虑到不知要停多久，时间长了井下设备容易损坏，有些巷道也要及时维修，于是由矿井值班员鄢某通知中班人员与晚班人员一起上晚班（24：00 班）。23：30，值班人员鄢某按照矿长吴某的安排在进班会上布置工作：中班人员 14 人，班长丁某，到副井轨道下山搞修理；晚班人员 15 人，班长祝某，到主井北翼轨道下山搞修理（其中胡某、聂某两人搞运输）；井长曾某跟班。曾某先同晚班人员到主井北翼轨道下山，待工作正常后，曾某升井准备去副井轨道下山看看修理情况。2：30 左右，曾某到达副井轨道下山。当时井下作业人员 29 人，加上跟班井长共 30 人。

8 月 16 日 4：50，主井井底信号工胡某升井报告，主井北大巷透水，水流迅速窜到主井井底车场，另一名信号工聂某已迅速到副井南轨道下山报信。鄢某接到报信后，立即安排井长吴某、李某到副井轨道下山撤人，并向矿长吴某汇报，吴矿长立即向上塘镇分管镇长汇报，时间为 8 月 16 日 4：50 左右。

5：00 左右井长吴某和李某到副井轨道下山撤人，5：30 左右，副井轨道下山 14 名矿工安全撤到地面，此时主井马头门口已被水淹没，水位线为观察点巷道斜长 30 m，标高约为－27 m。井下水泵电气设备被淹，不能运行排水。祝某等 14 名矿工被困井下。

## 三、紧急救援过程

（1）及时成立救援指挥部，保证了救援工作组织有序

上塘镇领导接到报告，立即向丰城矿务局和江西煤矿安全监察局赣中监察分局报告，同时立即通知安排镇安监科所有人员赶赴现场。

16日5：10—6：40，丰城矿务局调度室、丰城矿务局救护大队、丰城矿务局领导、江西煤矿安全监察局赣中监察分局先后接到事故报告。接到事故报告后，丰城矿务局局长、副局长、丰城矿务局煤矿救护队和江西煤矿安全监察局赣中监察分局有关人员（正在丰矿检查）等，立即赶到现场，并成立了临时指挥部组织抢救。

接到事故报告后，省委省政府和所在市委市政府等领导，立即赶赴现场指挥抢险救灾工作，并立即成立了以省煤炭集团公司总经理为总指挥的救灾指挥部，指挥部下设事故抢救组、现场侦察救护组、稳定工作组、事故善后组、医疗救护组。在组织上保证了救灾工作的有序进行。

指挥部经过认真分析，认为被困人员并没有被淹，可能撤离到了地势相对较高巷道内，存在生还的可能。时间就是生命，必须尽一切力量实施救援。

（2）及时组织抢排水

先期成立的临时指挥部立即组织人员安装小水泵，并请求江西煤矿抢险排水站调大泵增援。同时请求丰城矿区公安分局，派干警维持矿区秩序。

9：30，安装的两台7.5 kW水泵（排水量为10 $m^3/h$）已正常排水，第三台7.5 kW的水泵在安装过程中水泵泵体碰坏。

与此同时，江西煤矿抢险排水站接警后，立即赶到排水站，同时积极调动车辆，由于排水站没有运输车，租用的大型货车因进城被交警罚款，耽误时间，到9：30赶到排水站装设备，排水设备装车完毕开车时间为11：00。

在等待水泵期间，指挥部从丰城矿务局的建新煤矿调集了电工、钳工、电缆、开关等人员和设备，做好了安装水泵的准备工作。12：50从江西煤矿抢险排水站调配的深井泵（140 $m^3/h$），终于运到了矿井现场。经过紧张的安装，18：48在主井将水泵安装完毕，一次性试排水成功，开始排水。19：30水位垂直下降了0.7 m。至

20：48，水位共下降了 1.3 m。

到 22：00 左右水位下降十分缓慢，垂直水位下降速度由原来的 20 mm/h，降为 7 mm/h 左右，按此进度再排 20 h，也不能排完。于是指挥部根据井口设施及供电情况，决定再增加一台水泵，23：37 一台功率为 22 kW、排水量为 25 $m^3/h$ 的水泵开始排水。当时有三台水泵正常排水，总排水能力 175 $m^3/h$。

至 17 日 12：00，累计排水 3100 余立方米。有效地抢排水，使井下水位快速下降，井下部分巷道露出顶部，提供了搜救条件。

(3) 组织人员寻找救援通道

在组织抢排水的同时，指挥部人员一起认真查看图纸，询问有关人员，了解被困人员可能藏身地点，全力寻找通往被困人员的通道。

16 日 10：00 左右，指挥部派上塘镇安全科人员，到副井下山，试图从 1 号巷道搜救被困人员。从副井下山到 1 号巷道，是一条长期无人通行老巷，且已经垮塌十分严重，有的被水淹。通过灯光照看，硬是用手扒开渣子，匍匐前进。到达下部低洼被淹没，无法通行，施救失败。经过多次这样的搜救，都没有成功。

17 日 0：24，救护队员在水情观测点（淹水最高水位处，标高 -27 m）发现 $CO_2$ 浓度达 4%，因而观测人员全部撤到地面，1：54，观测点处 $CO_2$ 浓度达 8%。据此分析，观测处的水位已临近北翼透水点巷道的水位，导致透水点有害气体泄出。3：27，水位已降至北大巷顶部下。水位累计下降接近 3 m，因而派救护队员到井下搜救被困人员。17 日 6：30 井下搜救人员报告：西北大巷有 64 m 巷道可通行人员，不能通风。南风巷已有微风通过，但仍然不能到达被困人员的地点。9：30 井筒水位下降到 86.37 m 处（井筒到井底长度为 88.2 m）。仍然无法从北翼大巷救人。通过分析，利用北边大巷进去救人时间很长，因井底南风巷已有微风，说明南翼有通道，要考虑开辟南翼通道救人。

指挥部考虑被困的矿工时间太长，可能有生命危险，为了争取时间，查明被困人员的情况，指挥部再次派矿井井长、镇安全科长、赣中监察分局的同志和救护队队员共 6 人，从副井下去进行侦查，开辟南翼通道并在可能的情况下排除障碍物，跨过大巷搜救人员。11：45 上述人员快速下井，到达 3 号巷道后侦察发现了 2 号巷道（废弃巷道，图纸上没有标的巷道），大约 12：00 到达预定位置。通过敲打发声、喊话发现被困人员。立即派人向地面报告，并要求送食物下井恢复被困人员体力。救援人员在露出水面 0.3 m 的大巷涉水与被困人员见面，发现 14 名被困人员状况良好。

12：50 救护人员在刚升井的人员带领下，向被困人员输送食物（蛋糕、牛奶），13：55 第一批人员在救护人员的带领下从副井废旧巷升井，14：10 被困人员全部升井，送往医院观察。

为了维护救灾现场秩序，保证救灾工作的顺利进行，公安部门出动干警 500 余名。省公安厅领导、丰城市委市政府领导和公安部门领导与干警一起日夜守候在事故现场。为救援工作创造了良好的治安环境。

## 四、事故救援成功的经验

（1）事故报告及时，反应迅速，为救援工作赢得了宝贵的时间。各有关部门领导接到报告后，迅速做出反应，并及时赶赴现场，制定有效救灾方案。丰城矿务局救护大队接到事故报告后 7 min 赶到事故现场，不断地观察水情和灾情的变化，及时为救灾提供了第一手现场信息，经过侦察及时发现了被困人员并安全护送上井。江西煤矿抢险排水站反应迅速，接到事故报告后及时装运设备，快速安装，设备维护保养好，一次性安装试排水成功，并一直保持正常运转，对成功救援起到关键作用。省内外多次抢险排水救灾证明，江西煤矿抢险排水站是一支经得起考验的救援队伍。

（2）煤矿安全培训使矿工掌握了自救互救常识。被困矿工发现被水围困后，立即自动撤离到相对高的巷道内等待救援，没有一人溺水。为了保存体力，被困矿工自觉捡到井下的苹果皮、花生壳等食物和水食用；保持了一盏矿灯照明，其余矿灯关闭，保证需要时有矿灯应急；保持安静，保存体力。当发现水位迅速下降时，判断地面在组织救援，增强了信心。被困矿工掌握的这些自救互救常识，是安全培训学习的收获。

# 附录 1

# 矿山事故灾难应急预案
# (国家安全生产监督管理总局)

## 1 总则

### 1.1 目的

进一步增强应对和防范矿山安全生产事故风险和事故灾难的能力，最大限度地减少事故灾难造成的人员伤亡和财产损失。

### 1.2 工作原则

(1) 以人为本，安全第一。矿山事故灾难应急救援工作要始终把保障人民群众的生命安全和身体健康放在首位，切实加强应急救援人员的安全防护，最大限度地减少矿山事故灾难造成的人员伤亡和危害。

(2) 统一领导，分级管理。国家安全生产监督管理总局（以下简称安全监管总局）在国务院及国务院安全生产委员会（以下简称国务院安委会）的统一领导下，负责指导、协调矿山事故灾难应急救援工作。地方各级人民政府、有关部门和企业按照各自职责和权限，负责事故灾难的应急管理和应急处置工作。

(3) 条块结合，属地为主。矿山事故灾难应急救援工作实行地方各级人民政府行政领导负责制，事故现场应急救援指挥由地方人民政府统一领导，相关部门依法履行职责，专家提供技术支持，企业充分发挥自救作用。

(4) 依靠科学，依法规范。遵循科学原理，充分发挥专家的作用，实现科学民主决策。依靠科技进步，不断改进和完善应急救援的装备、设施和手段。依法规范应急救援工作，确保预案的科学性、权威性和可操作性。

（5）预防为主，平战结合。贯彻落实“安全第一，预防为主，综合治理”的方针，坚持事故应急与预防相结合。按照长期准备、重点建设的要求，做好应对矿山事故的思想准备、预案准备、物资和经费准备、工作准备，加强培训演练，做到常备不懈。将日常管理工作和应急救援工作相结合，充分利用现有专业力量，努力实现一队多能；培养兼职应急救援力量并发挥其作用。

1.3　编制依据

《安全生产法》《矿山安全法》《安全生产许可证条例》等法律、法规和《国家安全生产事故灾难应急预案》。

1.4　适用范围

本预案适用于矿山（含尾矿库）发生的除石油天然气开采以外的下列事故灾难应对工作：

（1）特别重大矿山事故；

（2）跨省（区、市）行政区的重大事故；

（3）省级应急救援力量和资源不足，需要增援的事故；

（4）国务院领导同志有重要批示，社会影响较大的事故；

（5）安全监管总局认为有必要启动本预案的事故。

**2　组织指挥体系与职责**

2.1　协调指挥机构与职责

在国务院及国务院安委会统一领导下，安全监管总局负责统一指导、协调特别重大矿山事故灾难的应急救援工作，国家煤矿安全监察局（以下简称煤矿安监局）指导、协调煤矿事故应急救援工作，国家安全生产应急救援指挥中心（以下简称应急指挥中心）具体承办有关工作。安全监管总局成立矿山事故应急工作领导小组（以下简称领导小组）。领导小组的组成及成员单位主要职责：

组长：安全监管总局局长

副组长：安全监管总局分管调度、应急管理和非煤矿山安全监

管的副局长和煤矿安监局局长

成员单位：办公厅、政策法规司、安全生产协调司、调度统计司、监督管理一司、应急指挥中心、煤矿安监局综合司、煤矿安监局安全监察司、煤矿安监局事故调查司、矿山救援指挥中心、矿山医疗救护中心、机关服务中心、通信信息中心。

（1）办公厅：负责应急值守，及时向安全监管总局领导报告事故信息，传达安全监管总局领导关于事故救援工作的批示和意见；向中央办公厅、国务院办公厅报送《值班信息》，同时抄送国务院有关部门；接收党中央、国务院领导同志的重要批示、指示，迅速呈报安全监管总局领导阅批，并负责督办落实；需派工作组前往现场协助救援和开展事故调查时，及时向国务院有关部门、事发地省级政府等通报情况，并协调有关事宜。

（2）政策法规司：负责事故信息发布工作，与中宣部、国务院新闻办及新华社、人民日报社、中央人民广播电台、中央电视台等主要新闻媒体联系，协助地方有关部门做好事故现场新闻发布工作，正确引导媒体和公众舆论。

（3）安全生产协调司：根据安全监管总局领导指示和有关规定，组织协调安全监察专员赶赴事故现场参与事故应急救援和事故调查处理工作。

（4）调度统计司：负责应急值守，接收、处置各地、各部门上报的事故信息，及时报告安全监管总局领导，同时转送安全监管总局办公厅和应急指挥中心；按照安全监管总局领导指示，起草事故救援工作指导意见；跟踪、续报事故救援进展情况。

（5）监督管理一司：提供非煤矿山事故单位相关信息，参与事故应急救援和事故调查处理工作。

（6）应急指挥中心：根据安全监管总局领导指示和有关规定下达有关指令，协调指导事故应急救援工作；提出应急救援建议方案，调度有关救援力量参加救援工作；跟踪事故救援情况，及时向安全监管总局领导报告；协调组织专家咨询，为应急救援提供技术支持。

(7) 煤矿安监局综合司：根据煤矿安监局领导的指示，协调事故应急救援及调查处理有关工作。

(8) 煤矿安监局安全监察司：提供煤矿事故单位有关安全监察的情况和信息，以及安全评估、建设项目安全设施“三同时”等情况；参与煤矿事故应急救援工作。

(9) 煤矿安监局事故调查司：参与煤矿事故应急救援工作，组织或参与煤矿重大和特别重大事故调查处理工作。

(10) 矿山救援指挥中心：根据安全监管总局和应急指挥中心的统一部署，具体组织协调事故应急救援工作；组织调集相关资源，参加事故应急救援工作；提出应急救援建议方案，组织专家进行咨询、论证，为应急救援提供技术支持；提供矿山应急救援的基础资料和信息。

(11) 矿山医疗救护中心：协调指导矿山事故的医疗救护及卫生防疫工作，必要时派遣医疗救护专家赴事故现场协助治疗和救护。

(12) 机关服务中心：负责安全监管总局事故应急处置过程中的后勤保障工作。

(13) 通信信息中心：负责保障安全监管总局外网、内网畅通运行，及时通过网站发布事故信息及救援进展情况。

2.2　事故现场应急救援指挥部及职责

按事故灾难等级（见 7.1 响应分级标准）和分级响应原则，由相应的地方人民政府组成现场应急救援指挥部，总指挥由地方政府负责人担任，全面负责应急救援指挥工作。按照有关规定由熟悉事故现场情况的有关领导具体负责现场救援指挥。现场应急救援指挥部及时向安全监管总局报告事故及救援情况，需要外部力量增援的，报请安全监管总局协调，并说明需要的救援力量、救援装备等情况。

2.3　矿山应急救援专家组及职责

安全监管总局设立矿山应急救援专家组，为矿山事故应急救援提供技术支持。矿山应急救援专家组的职责是：

（1）参与矿山事故灾难救援方案的研究；

（2）研究分析事故信息、灾害情况的演变和救援技术措施，为应急救援决策提出意见和建议；

（3）提出事故防范措施建议；

（4）为恢复生产提供技术支持。

## 3　预警和预防机制

### 3.1　信息监控与报告

（1）安全监管总局统一负责全国矿山企业重特大事故信息的接收、报告、初步处理、统计分析，制定相关工作制度。

（2）安全监管总局建立全国矿山基本情况、重大危险源、重大事故隐患、重大灾害事故数据库。

（3）安全监管总局对全国存在的重大危险源、风险高的矿山企业实施重点监控，及时分析重点监控信息并跟踪整改情况。

（4）各级安全生产监督管理部门、煤矿安全监察机构掌握辖区内的矿山分布、灾害等基本状况，建立辖区内矿山基本情况和重大危险源数据库，同时上报安全监管总局备案。

（5）矿山企业根据地质条件、可能发生灾害的类型、危害程度，建立本企业基本情况和危险源数据库，同时报送当地安全生产监督管理部门或煤矿安全监察机构，重大危险源在省级矿山救援指挥中心备案。

### 3.2　预警预防行动

各级安全生产监督管理部门、煤矿安全监察机构、矿山应急救援指挥机构定期分析、研究可能导致安全生产事故的信息，研究确定应对方案；及时通知有关部门、单位采取针对性的措施预防事故发生。发生事故后，根据事故的情况启动事故应急预案，组织实施救援。必要时，请求上级机构协调增援。

重大（Ⅱ级）矿山安全生产事故，或矿山事故扩大，有可能发生特别重大事故灾难时，安全监管总局调度统计司负责调度、了解事态发展，及时报告安全监管总局领导，并通知领导小组成员单位负责人。应急指挥中心得知事故信息后，及时通知有关矿山应急救援基地、救援装备储备单位、救援专家和救援技术支持机构，做好应急准备。

## 4 应急响应

### 4.1 信息报告和处理

（1）矿山企业发生事故后，现场人员要立即开展自救和互救，并立即报告本单位负责人。

（2）矿山企业负责人接到事故报告后，应迅速组织救援，并按照国家有关规定立即如实报告当地人民政府和有关部门。中央直属企业在上报当地政府的同时上报安全监管总局和企业总部。

（3）地方人民政府和有关部门接到事故报告后，应当按照规定逐级上报。事故灾难发生地的省（区、市）人民政府应当在接到特别重大事故信息报告后2小时内，向国务院报告，同时抄送安全监管总局。

地方各级人民政府和有关部门应当逐级上报事故情况，并应当在2小时内报告至省（区、市）人民政府，紧急情况下可越级上报。

（4）安全监管总局调度统计司实行24小时值班制度，接收全国矿山事故报告信息。

（5）安全监管总局调度统计司接到重大（Ⅱ级）矿山事故灾难报告后，要立即报告安全监管总局分管领导并通报应急指挥中心。接到特别重大（Ⅰ级）矿山事故灾难报告后，要立即报告安全监管总局局长，通报应急指挥中心和领导小组成员单位。安全监管总局办公厅及时报告国务院办公厅。

### 4.2 分级响应程序

根据事故灾难的可控性、严重程度和影响范围，将矿山事故分为特别重大事故（Ⅰ级）、重大事故（Ⅱ级）、较大事故（Ⅲ级）和一般事故（Ⅳ级）（见 7.1 响应分级标准）。事故发生后，发生事故的企业及其所在地政府立即启动应急预案，并根据事故等级及时上报。

发生Ⅰ级事故及险情，启动本预案及以下各级预案。Ⅱ级及以下应急响应行动的组织实施由省级人民政府决定。地方各级人民政府根据事故灾难或险情的严重程度启动相应的应急预案，超出本级应急救援处置能力时，及时报请上一级应急救援指挥机构启动上一级应急预案实施救援。

4.2.1 Ⅱ级事故应急响应

发生重大（Ⅱ级）矿山事故灾难时，省级人民政府立即启动应急预案，组织实施应急救援。

领导小组成员单位进入预备状态，做好如下应急准备：

（1）调度统计司立即向领导小组组长和有关成员单位报告事故情况，领导小组主要成员到位；向事故发生地传达领导小组组长关于应急救援的指导意见。

（2）应急指挥中心及时掌握事态发展和现场救援情况，及时向领导小组组长汇报。

（3）应急指挥中心根据事故类别、事故地点和救援工作的需要，通知矿山应急救援专家组、国家级矿山救援基地、国家矿山医疗救护中心、矿山抢险排水站等单位做好应急救援准备。

（4）根据需要派有关人员和专家赶赴事故现场指导救援工作。

4.2.2 Ⅰ级事故应急响应

发生特别重大（Ⅰ级）矿山事故灾难时，安全监管总局启动本预案，按下列程序和内容响应：

（1）调度统计司接到事故报告后，立即报告领导小组组长并通知应急指挥中心。

（2）根据领导小组组长指示，立即通知领导小组成员单位负责人到调度统计司集中。

（3）调度统计司和应急指挥中心进一步了解事故情况，整理事故相关资料和图纸等，为领导小组决策提供基础资料。

（4）领导小组研究、决策救援方案，确定委派现场工作组和救援专家组人选，各成员单位按照应急救援方案认真履行各自的职责。

（5）根据救援工作的需要，协调调动国家级矿山救援基地的救援力量增援。对于矿井瓦斯煤尘事故、大型火灾事故，可调动国家级矿山救援基地的大型装备实施救灾；对于特大水灾或顶板事故，可调动矿山抢险排水站的大型排水设备和煤炭地质局的深孔钻机实施救灾。

（6）根据受伤人员情况，协调调动国家级矿山医疗救护中心专家组奔赴现场，加强医疗救护的指导和救治。

（7）及时向国务院上报事故和救援工作进展情况，并适时向媒体公布。

4.3　指挥和协调

（1）矿山事故救援指挥遵循属地为主的原则，按照分级响应原则，当地人民政府负责人和有关部门及矿山企业有关人员组成现场应急救援指挥部，具体领导、指挥矿山事故现场应急救援工作。

（2）企业成立事故现场救援组，由企业负责人、矿山救护队队长等组成现场救援组，矿长担任组长负责指挥救援。

（3）安全监管总局统一协调、指挥特别重大事故（Ⅰ级）应急救援工作，主要内容是：

①指导、协调地方人民政府组织实施应急救援。

②协调、调动国家级矿山救援基地的救援力量，调配国家矿山应急救援资源。

③协调、调动安全监管总局矿山医疗救护中心的救护力量和医疗设备，加强指导救护、救助工作。

④派工作组赴现场指导矿山事故灾难应急救援工作。

⑤组织矿山应急救援专家组，为现场应急救援提供技术支持。

⑥及时向国务院报告事故及应急救援进展情况。

4.4　现场紧急处置

（1）现场处置主要依靠地方政府及企业应急处置力量，事故发生后，事故单位和当地政府首先组织职工、群众开展自救、互救，并通知有关专业救援机构。

（2）事故单位负责人要充分利用本单位和就近社会救援力量，立即组织实施事故的应急救援工作，组织本单位和就近医疗救护队伍抢救现场受伤人员。根据矿山事故的危害程度，及时报告当地政府，疏散、撤离可能受到事故波及的人员。

（3）当地政府要迅速成立现场应急救援指挥部，制定事故的应急救援方案并组织实施，根据需要，及时修订救援方案。

（4）当地救援力量不足时，现场应急救援指挥部应向上级矿山应急救援组织提出增援请求。

（5）当地医疗机构的救护能力不足时，现场应急救援指挥部应向上级政府或上级矿山应急救援组织请求，调动外地的医学专家、医疗设备前往现场加强救护，或将伤者迅速转移到外地救治。

（6）参加应急救援的队伍和人员在现场应急救援指挥部统一指挥、协调下，进行应急救援和处置工作。

（7）当地政府、现场应急救援指挥部负责组织力量清除事故矿井周围和抢险通道上的障碍物。当地政府组织公安、武警、交通管理等部门开辟抢险救灾通道，保障应急救援队伍、物资、设备的畅通无阻。

（8）根据事态发展变化情况，出现急剧恶化的特殊险情时，现场应急救援指挥部在充分考虑专家和有关方面意见的基础上，依法采取紧急处置措施。涉及跨省（区、市）、跨领域影响严重的紧急处置方案，由安全监管总局协调实施，影响特别严重的报国务院决定。

（9）在矿山事故救援过程中，出现继续进行抢险救灾对救援人员的生命有直接威胁，极易造成事故扩大化，或没有办法实施救援，或没有继续实施救援的价值等情况时，经过矿山应急救援专家组充分论证，提出中止救援的意见，报现场应急救援指挥部决定。

4.5　救援人员的安全防护

在抢险救灾过程中，专业或辅助救援人员，根据矿山事故的类别、性质，要采取相应的安全防护措施。救援井工矿山事故必须由专业矿山救护队进行，严格控制进入灾区人员的数量。所有应急救援工作人员必须佩戴安全防护装备，才能进入事故救援区域实施应急救援工作。所有应急救援工作地点都要安排专人检测气体成分、风向和温度等，保证工作地点的安全。

4.6　信息发布

安全监管总局是矿山事故灾难信息的指定来源。安全监管总局负责矿山事故灾难信息对外发布工作。必要时，国务院新闻办派员参加事故现场应急救援指挥部工作，负责指导协调矿山事故灾难的对外报道工作。

4.7　应急结束

事故现场得以控制，环境符合有关标准，导致次生、衍生事故隐患消除后，经现场应急救援指挥部确认和批准，现场应急处置工作结束，应急救援队伍撤离现场。矿山事故灾难善后处置工作完成后，现场应急救援指挥部组织完成应急救援总结报告，报送安全监管总局和省（区、市）人民政府，省（区、市）人民政府宣布应急处置结束。

**5　后期处置**

5.1　善后处置

省（区、市）人民政府负责组织善后处置工作，包括遇难人员亲属的安置、补偿，征用物资补偿，救援费用的支付，灾后重建，污染物收集、清理与处理等事项。尽快恢复正常秩序，消除事故后果和影响，安抚受害和受影响人员，确保社会稳定。

应急救援工作结束后，参加救援的部门和单位应认真核对参加应急救援人数，清点救援装备、器材；核算救灾发生的费用，整理应急救援记录、图纸，写出救灾报告。

地方人民政府应认真分析事故原因，强化安全管理，制定防范措施。

矿山企业应深刻吸取事故教训，加强安全管理，加大安全投入，认真落实安全生产责任制，在恢复生产过程中制定安全措施，防止事故发生。

5.2　保险

事故灾难发生后，保险机构及时派员开展相关的保险受理和赔付工作。

5.3　工作总结与评估

应急响应结束后，地方人民政府应认真分析事故原因，制定防范措施，落实安全生产责任制，防止类似事故发生。

地方安全生产监督管理部门、煤矿安全监察机构或应急救援指挥机构负责收集、整理应急救援工作记录、方案、文件等资料，组织专家对应急救援过程和应急救援保障等工作进行总结和评估，提出改进意见和建议，并在应急响应结束一个月内，将总结评估报告报安全监管总局。

**6　保障措施**

6.1　通信与信息保障

有关人员和有关单位的联系方式保证能够随时取得联系，有关单位的调度值班电话保证24小时有人值守。

通过有线电话、移动电话、卫星、微波等通信手段，保证各有关方面的通讯联系畅通。

安全监管总局与各省（区、市）人民政府，省级安全生产监督管理部门，各级煤矿安全监察机构，省级矿山救援指挥中心，国家级矿山救援基地，国家矿山救援物资储备单位，矿山医疗救护中心建立畅通的应急救援指挥通信信息系统。

依托中国金属非金属矿山尾矿库安全技术中心安全技术信息系统（电话：010－63936859），随时掌握全国尾矿库现场情况。

应急指挥中心负责建立、维护、更新有关应急救援机构、省级应急救援指挥机构、国家级矿山救援基地、矿山医疗救护中心、矿山应急救援专家组的通信联系数据库；负责建设、维护、更新矿山应急救援指挥系统、决策支持系统和相关保障系统。

各省（区、市）安全监督管理部门或省级煤矿安全监察机构负责本区域内有关机构和人员的通信保障，做到即时联系，信息畅通。矿山企业负责保障本单位应急通信、信息网络的畅通。

6.2　应急支援与保障

6.2.1　已有救援装备保障

（1）国家级矿山救援基地（煤矿）储备重点救援装备情况见附件。

（2）国家矿山排水设备储备单位及电话见附件。

（3）深孔钻机装备储备情况见附件。

（4）矿山企业负责局部通风机、导风筒、施工材料等必要救灾装备和物资的储备。

6.2.2　救援装备的储备

根据矿山事故灾难应急救援工作的需要和矿山救援新技术、新装备的开发应用，应建立必要的救援资源储备，包括具有较高技术含量的先进救灾装备、设施等，以提高国家应对复杂矿山事故的能力。

6.2.3　紧急征用救援装备

在应急救援中，储备的资源不能满足救灾需求，安全监管总局需要紧急征用国家及有关部门的救援装备时，涉及的部门必须全力支持，积极配合，保证救灾的顺利进行。征用救援装备所需的费用，由当地政府和事故单位予以解决。

6.2.4　救援队伍保障

（1）应急指挥中心负责协调全国矿山应急救援工作和救援队伍

的组织管理。全国矿山救护队分布情况见附件。

(2) 省级矿山救援指挥中心负责组织、指导协调本行政区域矿山应急救援体系建设及矿山应急救援工作。

(3) 有矿山企业的县级以上地方各级人民政府应建立矿山应急组织。

(4) 矿山企业必须建立专职或兼职人员组成的矿山救援组织。不具备单独建立专业救援组织的小型矿山企业，除应建立兼职的救援组织外，还应与临近的专业救援组织签订救援协议，或者与临近的矿山企业联合建立专业救援组织。

(5) 国家级矿山救援基地在应急指挥中心的组织协调下，参加全国矿山重特大事故的应急救援工作。国家级矿山救援基地的主要救援区域及联系方式和分布示意图见附件。

(6) 各省（区、市）根据辖区内矿山分布及受自然灾害威胁程度，建立1～3个省级矿山救援基地，由省级矿山救援指挥中心组织、指导，参加矿山事故的应急救援工作。

(7) 矿山救援人员按隶属关系，由所在单位为矿山救援人员每年缴纳人身保险金，保障救援人员的切身利益。

6.2.5　交通运输保障

(1) 各地有关交通管理部门，对救援工作应大力支持。在应急响应时，利用现有的交通资源，协调铁道、民航、军队等系统提供交通支持，协调沿途有关地方人民政府提供交通警戒支持，以保证及时调运矿山事故灾难应急救援有关人员、队伍、装备、物资。

(2) 矿山救援和医疗救护车辆配用专用警灯、警笛，事故发生地省级人民政府组织对事故现场进行交通管制，开设应急救援特别通道，最大限度地赢得应急救援时间。

6.2.6　矿山救援医疗保障

(1) 安全监管总局矿山医疗救护中心负责指导全国矿山事故伤员的急救工作。设立安全监管总局矿山医疗救护专家组，为矿山事故应急救援提供医疗救护方面的技术支持。

(2) 各省（区、市）选择医疗条件较好的医疗单位，作为省级矿山医疗救护中心，指导、参加矿山事故中危重伤员的救治工作。

(3) 矿山企业建立矿山医疗救护站（或与企业所在地医院签订医疗救护协议)，负责企业矿山事故伤员的医疗急救和矿山救援队伍医疗救护知识专项培训工作。

6.2.7　治安保障

由事故发生地省级人民政府组织事故现场治安警戒和治安管理，加强对重点地区、重点场所、重点人群、重要物资设备的防范保护，维持现场秩序，及时疏散群众。发动和组织群众，开展群防联防，协助做好治安工作。

6.2.8　经费保障

矿山企业应当做好事故应急救援必要的资金准备。安全生产事故灾难应急救援资金首先由事故责任单位承担，事故责任单位暂时无力承担的，由当地人民政府协调解决。国家处置矿山事故灾难所需资金按照《财政应急保障预案》的规定解决。

6.3　技术支持与保障

安全监管总局设立矿山应急救援专家组，为矿山事故应急救援提供技术支持。

省级地方人民政府矿山应急组织设立矿山应急救援专家组，为矿山事故应急救援提供技术支持。

依托有关院校和科研单位，开展事故预防和应急技术以及矿山救援技术设备的研究和开发。

6.4　宣传、培训和演习

6.4.1　公众信息交流

各级政府、各矿山企业要按规定向公众和员工说明矿山作业的危险性及发生事故可能造成的危害，广泛宣传应急救援有关法律法规和矿山事故预防、避险、避灾、自救、互救的常识。

6.4.2　培训

（1）应急指挥中心负责全国矿山救护队的培训工作。矿山救护队要加强日常战备训练，并按规定对救护队组织培训，确保矿山应急救援队伍的战斗力。并及时对后备救援队伍进行培训。

（2）实施矿长资格培训时必须进行矿山救援知识的培训。各省（区、市）安全生产监督管理部门负责本辖区内矿山企业负责人应急救援知识的培训。

（3）矿山企业负责组织本企业职工救援与自救、互救知识的培训。

6.4.3　演习

安全监管总局每年组织一次国家矿山应急救援指挥系统启动模拟演习。

地方人民政府矿山应急救援指挥机构每年要组织一次本辖区内救灾指挥系统启动模拟演习。

矿山企业要严格按规定每年至少组织一次矿井救灾演习。

6.5　监督检查

安全监管总局对矿山事故灾难应急预案实施的全过程进行监督和检查。

**7　附则**

7.1　响应分级标准

按照事故灾难的可控性、严重程度和影响范围，将矿山事故应急响应级别分为Ⅰ级（特别重大事故）响应、Ⅱ级（重大事故）响应、Ⅲ级（较大事故）响应、Ⅳ级（一般事故）响应等。

出现下列情况时启动Ⅰ级响应：造成或可能造成30人以上死亡，或造成100人以上中毒、重伤，或造成1亿元以上直接经济损失，或特别重大社会影响等。

出现下列情况时启动Ⅱ级响应：造成或可能造成10～29人死亡，或造成50～100人中毒、重伤，或造成5 000万～10 000万元直接经济损失，或重大社会影响等。

出现下列情况时启动Ⅲ级响应：造成或可能造成3～9人死亡，或造成30～50人中毒、重伤，或直接经济损失较大，或较大社会影响等。

出现下列情况时启动Ⅳ级响应：造成或可能造成1～3人死亡，或造成30人以下中毒、重伤，或一定社会影响等。

7.2　预案管理与更新

省级安全生产应急救援指挥机构和有关应急保障单位，都要根据本预案和所承担的应急处置任务，制定相应的应急预案，报安全监管总局备案。

本预案所依据的法律法规、所涉及的机构和人员发生重大改变，或在执行中发现存在重大缺陷时，由安全监管总局及时组织修订。安全监管总局定期组织对本预案评审，并及时根据评审结论组织修订。

7.3　奖励与责任

（1）对在应急救援工作中有突出贡献的单位和个人由所在单位、上级管理部门、地方人民政府给予表彰和奖励。

（2）在应急救援工作中受伤、致残或者死亡的人员，按照国家有关规定给予医疗、抚恤。救援工作中为抢救他人或国家财产英勇牺牲的，由所在单位上报政府主管部门，经地方人民政府批准后，追认为烈士。

（3）对不服从指挥部调遣、临阵脱逃、谎报情况的人员，按照有关规定给予行政处分或经济处罚，构成犯罪的，依法追究其刑事责任。

7.4　预案解释部门

本预案由安全监管总局负责解释。

7.5　预案实施时间

本预案自发布之日起施行。

**8　附件（略）**

# 附录 2

## 生产经营单位生产安全事故应急预案编制导则（GB/T 29639—2013）

### 1 范围

本标准规定了生产经营单位编制生产安全事故应急预案（以下简称应急预案）的编制程序、体系构成和综合应急预案、专项应急预案、现场处置方案以及附件。

本标准适用于生产经营单位的应急预案编制工作，其他社会组织和单位的应急预案编制可参照本标准执行。

### 2 规范性引用文件

下列文件对于本文件的应用是必不可少的。凡是注日期的引用文件，仅注日期的版本适用于本文件。凡是不注日期的引用文件，其最新版本（包括所有的修改单）适用于本文件。

GB/T 20000. 4　标准化工作指南　第 4 部分：标准中涉及安全的内容

AQ/T 9007　生产安全事故应急演练指南

### 3 术语和定义

下列术语和定义适用于本文件。

3. 1　应急预案（emergency plan）

为有效预防和控制可能发生的事故，最大程度减少事故及其造成损害而预先制定的工作方案。

3. 2　应急准备（emergency preparedness）

针对可能发生的事故，为迅速、科学、有序地开展应急行动而预先进行的思想准备、组织准备和物资准备。

3.3　应急响应（emergency response）

针对发生的事故，有关组织或人员采取的应急行动。

3.4　应急救援（emergency rescue）

在应急响应过程中，为最大限度地降低事故造成的损失或危害，防止事故扩大，而采取的紧急措施或行动。

3.5　应急演练（emergency exercise）

针对可能发生的事故情景，依据应急预案而模拟开展的应急活动。

**4　应急预案编制程序**

4.1　概述

生产经营单位应急预案编制程序包括成立应急预案编制工作组、资料收集、风险评估、应急能力评估、编制应急预案和应急预案评审6个步骤。

4.2　成立应急预案编制工作组

生产经营单位应结合本单位部门职能和分工，成立以单位主要负责人（或分管负责人）为组长，单位相关部门人员参加的应急预案编制工作组，明确工作职责和任务分工，制定工作计划，组织开展应急预案编制工作。

4.3　资料收集

应急预案编制工作组应收集与预案编制工作相关的法律法规、技术标准、应急预案、国内外同行业企业事故资料，同时收集本单位安全生产相关技术资料、周边环境影响、应急资源等有关资料。

4.4　风险评估

主要内容包括：

a）分析生产经营单位存在的危险因素，确定事故危险源；

b）分析可能发生的事故类型及后果，并指出可能产生的次生、衍生事故；

c）评估事故的危害程度和影响范围，提出风险防控措施。

4.5　应急能力评估

在全面调查和客观分析生产经营单位应急队伍、装备、物资等应急资源状况基础上开展应急能力评估，并依据评估结果，完善应急保障措施。

4.6　编制应急预案

依据生产经营单位风险评估以及应急能力评估结果，组织编制应急预案。应急预案编制应注重系统性和可操作性，做到与相关部门和单位应急预案相衔接。应急预案编制格式参见附录A。

4.7　应急预案评审

应急预案编制完成后，生产经营单位应组织评审。评审分为内部评审和外部评审，内部评审由生产经营单位主要负责人组织有关部门和人员进行。外部评审由生产经营单位组织外部有关专家和人员进行评审。应急预案评审合格后，由生产经营单位主要负责人（或分管负责人）签发实施，并进行备案管理。

**5　应急预案体系**

5.1　概述

生产经营单位的应急预案体系主要由综合应急预案、专项应急预案和现场处置方案构成。生产经营单位应根据本单位组织管理体系、生产规模、危险源的性质以及可能发生的事故类型确定应急预案体系，并可根据本单位的实际情况，确定是否编制专项应急预案。风险因素单一的小微型生产经营单位可只编写现场处置方案。

5.2　综合应急预案

综合应急预案是生产经营单位应急预案体系的总纲，主要从总体上阐述事故的应急工作原则，包括生产经营单位的应急组织机构及职责、应急预案体系、事故风险描述、预警及信息报告、应急响应、保障措施、应急预案管理等内容。

5.3　专项应急预案

专项应急预案是生产经营单位为应对某一类型或某几种类型事

故，或者针对重要生产设施、重大危险源、重大活动等内容而定制的应急预案。专项应急预案主要包括事故风险分析、应急指挥机构及职责、处置程序和措施等内容。

5.4 现场处置方案

现场处置方案是生产经营单位根据不同事故类型，针对具体的场所、装置或设施所制定的应急处置措施，主要包括事故风险分析、应急工作职责、应急处置和注意事项等内容。生产经营单位应根据风险评估、岗位操作规程以及危险性控制措施，组织本单位现场作业人员及安全管理等专业人员共同编制现场处置方案。

**6 综合应急预案主要内容**

6.1 总则

6.1.1 编制目的

简述应急预案编制的目的。

6.1.2 编制依据

简述应急预案编制所依据的法律、法规、规章、标准和规范性文件以及相关应急预案等。

6.1.3 适用范围

说明应急预案适用的工作范围和事故类型、级别。

6.1.4 应急预案体系

说明生产经营单位应急预案体系的构成情况，可用框图形式表述。

6.1.5 应急工作原则

说明生产经营单位应急工作的原则，内容应简明扼要、明确具体。

6.2 事故风险描述

简述生产经营单位存在或可能发生的事故风险种类、发生的可能性以及严重程度及影响范围等。

6.3 应急组织机构及职责

明确生产经营单位的应急组织形式及组成单位或人员，可用结构图的形式表示，明确构成部门的职责。应急组织机构根据事故类型和应急工作需要，可设置相应的应急工作小组，并明确各小组的工作任务及职责。

6.4 预警及信息报告

6.4.1 预警

根据生产经营单位检测监控系统数据变化状况、事故险情紧急程度和发展势态或有关部门提供的预警信息进行预警，明确预警的条件、方式、方法和信息发布的程序。

6.4.2 信息报告

信息报告程序主要包括：

a）信息接收与通报

明确24小时应急值守电话、事故信息接收、通报程序和责任人。

b）信息上报

明确事故发生后向上级主管部门、上级单位报告事故信息的流程、内容、时限和责任人。

c）信息传递

明确事故发生后向本单位以外的有关部门或单位通报事故信息的方法、程序和责任人。

6.5 应急响应

6.5.1 响应分级

针对事故危害程度、影响范围和生产经营单位控制事态的能力，对事故应急响应进行分级，明确分级响应的基本原则。

6.5.2 响应程序

根据事故级别的发展态势，描述应急指挥机构启动、应急资源调配、应急救援、扩大应急等响应程序。

6.5.3 处置措施

针对可能发生的事故风险、事故危害程度和影响范围，制定相应的应急处置措施，明确处置原则和具体要求。

6.5.4 应急结束

明确现场应急响应结束的基本条件和要求。

6.6 信息公开

明确向有关新闻媒体、社会公众通报事故信息的部门、负责人和程序以及通报原则。

6.7 后期处置

主要明确污染物处理、生产秩序恢复、医疗救治、人员安置、善后赔偿、应急救援评估等内容。

6.8 保障措施

6.8.1 通信与信息保障

明确可为生产经营单位提供应急保障的相关单位及人员通信联系方式和方法，并提供备用方案。同时，建立信息通信系统及维护方案，确保应急期间信息通畅。

6.8.2 应急队伍保障

明确应急响应的人力资源，包括应急专家、专业应急队伍、兼职应急队伍等。

6.8.3 物资装备保障

明确生产经营单位的应急物资和装备的类型、数量、性能、存放位置、运输及使用条件、管理责任人及其联系方式等内容。

6.8.4 其他保障

根据应急工作需求而确定的其他相关保障措施（如：经费保障、交通运输保障、治安保障、技术保障、医疗保障、后勤保障等）。

6.9 应急预案管理

6.9.1 应急预案培训

明确对生产经营单位人员开展的应急预案培训计划、方式和要求，使有关人员了解相关应急预案内容，熟悉应急职责、应急程序和现场处置方案。如果应急预案涉及社区和居民，要做好宣传教育和告知等工作。

6.9.2 应急预案演练

明确生产经营单位不同类型应急预案演练的形式、范围、频次、内容以及演练评估、总结等要求。

6.9.3 应急预案修订

明确应急预案修订的基本要求，并定期进行评审，实现可持续改进。

6.9.4 应急预案备案

明确应急预案的报备部门，并进行备案。

6.9.5 应急预案实施

明确应急预案实施的具体时间、负责制定与解释的部门。

## 7 专项应急预案主要内容

7.1 事故风险分析

针对可能发生的事故风险，分析事故发生的可能性以及严重程度、影响范围等。

7.2 应急指挥机构及职责

根据事故类型，明确应急指挥机构总指挥、副总指挥以及各成员单位或人员的具体职责。应急指挥机构可以设置相应的应急救援工作小组，明确各小组的工作任务及主要负责人职责。

7.3 处置程序

明确事故及事故险情信息报告程序和内容、报告方式和责任等内容。根据事故响应级别，具体描述事故接警报告和记录、应急指挥机构启动、应急指挥、资源调配、应急救援、扩大应急等应急响应程序。

7.4 处置措施

针对可能发生的事故风险、事故危害程度和影响范围，制定相应的应急处置措施，明确处置原则和具体要求。

## 8 现场处置方案主要内容

8.1 事故风险分析

主要包括：

a）事故类型

b）事故发生的区域、地点或装置的名称；

c）事故发生的可能时间、事故的危害严重程度及其影响范围；

d）事故前可能出现的征兆；

e）事故可能引发的次生、衍生事故。

8.2 应急工作职责

根据现场工作岗位、组织形式及人员构成，明确各岗位人员的应急工作分工和职责。

8.3 应急处置

主要包括以下内容：

a）事故应急处置程序。分局可能发生的事故及现场情况，明确事故报警、各项应急措施启动、应急救护人员的引导、事故扩大及同生产经营单位应急预案的衔接的程序。

b）现场应急处置措施。针对可能发生的火灾、爆炸、危险化学品泄漏、坍塌、水患、机动车辆伤害等，从人员救护、工艺操作、事故控制，消防、现场恢复等方面制定明确的应急处置措施。

c）明确报警负责人以及报警电话及上级管理部门、相关应急救援单位联络方式和联系人员，事故报告基本要求和内容。

8.4 注意事项

主要包括：

a）佩戴个人防护器具方面的注意事项；

b）使用抢险救援器材方面的注意事项；

c）采取救援对策或措施方面的注意事项；

d）现场自救和互救注意事项；

e）现场应急处置能力确认和人员安全防护等事项；

f）应急救援结束后的注意事项；

g）其他需要特别警示的事项。

## 9 附件

9.1 有关应急部门、机构或人员的联系方式

列出应急工作中需要联系的部门、机构或人员的多种联系方式，当发生变化时及时进行更新。

9.2 应急物资装备的名录或清单

列出应急预案涉及的主要物资和装备名称、型号、性能、数量、存放地点、运输和使用条件、管理责任人和联系电话等。

9.3 规范化格式文本

应急信息接报、处理、上报等规范化格式文本。

9.4 关键的路线、标识和图纸

主要包括：

a）警报系统分布及覆盖范围；

b）重要防护目标、危险源一览表、分布图；

c）应急指挥部位置及救援队伍行动路线；

d）疏散路线、警戒范围、重要地点等的标识；

e）相关平面布置图纸、救援力量的分布图纸等。

9.5 有关协议或备忘录

列出与相关应急救援部门签订的应急救援协议或备忘录。

## 附录 A

## 应急预案编制格式

### A.1 封面

应急预案封面主要包括应急预案编号、应急预案版本号、生产经营单位名称、应急预案名称、编制单位名称、颁布日期等内容。

### A.2 批准页

应急预案应经生产经营单位主要负责人（或分管负责人）批准方可发布。

## A.3 目次

应急预案应设置目次，目次中所列的内容及次序如下：

——批准页；

——章的编号、标题；

——带有标题的条的编号、标题（需要时列出）；

——附件，用序号表明其顺序。

## A.4 印刷与装订

应急预案推荐采用 A4 版面印刷，活页装订。